国家出版基金项目
NATIONAL PUBLICATION FOUNDATION

"十四五"国家重点图书出版规划项目

新时代
东北全面振兴
研究丛书

XIN SHIDAI
DONGBEI QUANMIAN ZHENXING
YANJIU CONGSHU

——

中国东北振兴研究院
组织编写

东北地区贸易隐含碳排放责任研究

屈超　李季——著

辽宁人民出版社

© 屈超　李季　2025

图书在版编目（CIP）数据

东北地区贸易隐含碳排放责任研究 / 屈超，李季著.
沈阳：辽宁人民出版社，2025.2. --（新时代东北全
面振兴研究丛书）. -- ISBN 978-7-205-11349-0

Ⅰ. X511

中国国家版本馆CIP数据核字第2024J7H539号

出版发行：辽宁人民出版社
　　　　　地址：沈阳市和平区十一纬路 25 号　邮编：110003
　　　　　电话：024-23284313　邮箱：ln_editor4313@126.com
　　　　　http://www.lnpph.com.cn
印　　刷：辽宁新华印务有限公司
幅面尺寸：170mm×240mm
印　　张：15.75
字　　数：252千字
出版时间：2025年2月第1版
印刷时间：2025年2月第1次印刷
策划编辑：郭　健
特约编辑：卢山秀
责任编辑：盖新亮　张婷婷　郭　健
封面设计：丁末末
版式设计：G-Design
责任校对：李嘉佳
书　　号：ISBN 978-7-205-11349-0

定　　价：86.00元

总　序

　　《新时代东北全面振兴研究丛书》是中国东北振兴研究院组织编写出版的第二套关于东北振兴主题的丛书。中国东北振兴研究院成立于 2016 年，是国家发展和改革委员会为支持东北地区振兴发展而批准成立的研究机构。近 10 年来，该研究院以服务东北振兴这一国家战略为己任，充分发挥高校人才和智力优势，密切与社会各界合作，根据不同时期党中央对东北振兴做出的重大决策，深入东北三省调查研究，组织年度东北振兴论坛并不定期举办具有针对性的专家座谈会，向国家有关部门和东北三省各级党委和政府提供了一系列具有决策参考价值的咨询报告。在此基础上，也形成了一批具有学术价值的研究成果。2020 年，研究院组织编写出版了《东北振兴研究丛书》（共 8 个分册），在社会上引起良好反响。从 2023 年开始，研究院结合总结东北振兴战略实施 20 周年的经验，组织编写了《新时代东北全面振兴研究丛书》（共 9 个分册），从更广阔的视野和新时代东北振兴面临的新问题角度，对东北振兴进行了更加深入的研究。研究院和出版社的同志邀请我为这套丛书作序，我也想借此机会，结合自己 20 年来亲身参与东北振兴全过程的经历和近几年参与研究院组织的调研的体会，就丛书涉及的一些问题谈谈个人的看法，也算是为丛书开一个头。

一、关于东北振兴的重大战略意义

　　东北振兴战略是国家启动较早的区域发展战略，启动于 2003 年。我深切体会到，20多年来，还没有哪一个区域的发展像东北地区这样牵动着历届党和国家领导人的心，被给予了这样多的关心和支持。仅党的十八大以来，习近平总书记就10多次到东北来考察调研，亲自主持召开座谈会并作重要讲话。党中央和国务院在不同时期都对支持东北振兴做出政策安排，尽最大的可能性给予东北各项支持政策。从中可以看出，东北振兴战略不仅仅是一个简单的区域发展战略，它远远超出东北地区的范围，具有十分重大的全局性意义。我从以下两方面来理解这一重大意义：

第一，东北振兴是实现中国式现代化的战略支撑。

中国式现代化最本质的特征是由中国共产党领导的社会主义现代化。回顾历史，在中国共产党领导下，中国式现代化贯穿了新中国成立至今70多年的整个历史过程，这一历史过程既包括改革开放以来的40多年，也包括从新中国成立到改革开放的近30年。在党领导的现代化建设过程中，东北地区扮演着十分独特而举足轻重的角色。东北地区是新中国最早启动工业化的地区，新中国成立之初，党的第一代领导人为开展社会主义工业化建设，在东北地区进行了大规模投资。"一五"时期，国家156个重点项目中有56个安排在东北地区，其投资额占了总投资额的44.3%。东北工业基地的建立与发展，寄托着中国共产党人对社会主义现代化的理想和追求，展现了中国共产党人独立自主建设新中国的高瞻远瞩和深谋远虑。在此过程中，东北工业基地的发展为中国社会主义工业体系的建设做出了不可磨灭的重大贡献，东北地区的能源工业、基础原材料生产和重大装备制造等支撑着国家的经济建设和国防建设。与此同时，东北三省的经济发展水平一直在全国排名前列，以辽宁为例，由于其特殊的战略地位，辽宁的经济总量（当年的衡量指标是工农业总产值）曾排名第一，被称为"辽老大"。改革开放后，东南沿海地区在改革推动下，市场机制快速发育，经济发展迅速，而东北三省则面临从传统计划经济向社会主义市场经济转型的痛苦过程。尽管东北人在转型过程中做出了大量艰苦的探索，但是由于体制机制的惰性和产业结构的老化使市场机制的发育相对缓慢，东北三省的经济总量在全国的排名逐渐落后。2003年10

月，党中央、国务院正式印发《关于实施东北地区等老工业基地振兴战略的若干意见》，以此为标志，国家正式启动了东北地区等老工业基地振兴战略。习近平总书记高度重视东北老工业基地的振兴发展，党的十八大以来，先后10多次到东北考察并发表重要讲话，多次就东北振兴问题做出重要指示批示，强调了东北振兴在国家大局中的战略地位，特别是强调了东北地区在维护国家国防安全、粮食安全、生态安全、能源安全、产业安全方面担负着重大责任。在加快强国建设、实现第二个百年奋斗目标、推进民族复兴伟业的过程中，东北振兴的战略地位是至关重要的。

综上所述，东北老工业基地由于有着区别于其他地区的历史演变过程，其建设、发展、改革和振兴凝聚着中国共产党几代领导人对社会主义道路全过程的实践探索和不懈努力，因而对实现中国式现代化来说具有特有的象征性意义。可以说，没有东北老工业基地的全面振兴，就没有中国式现代化目标的实现，而且，东北全面振兴的进度也在一定程度上决定了中国式现代化实现的进度。在迈向第二个百年奋斗目标新征程中，东北振兴能否实现新突破，标志着中国式现代化目标能否成功。所以东北全面振兴是实现中国式现代化的重要支撑。

第二，东北振兴是维护国家安全的重要保证。

东北振兴不能简单地从经济发展方面来衡量其重大意义。我在省市工作期间，经常接待党和国家领导人到东北来考察调研，我感觉到领导同志所关心的问题主要不是经济增长率是多少、地区生产总值是多少，所考察的企业或项目主要不是看其能够创造多少产值，而是看其能否为国家解决战略性重大问题。以大连的造船工业为例，20年前其每年实现的产值也就是100亿元左右，与一些超千亿元的大型企业相比，微不足道；但领导同志最关心的是，他们能造出保障国家能源安全的30万吨级大型油轮和液化天然气（LNG）运输船，能够造出保障国防安全的航空母舰和大型驱逐舰，所以在2003年党中央、国务院印发的《关于实施东北地区等老工业基地振兴战略的若干意见》中明确现代造船业为大连市的四大支柱产业之一，作为老工业基地产业振兴的重要组成部分。同样，我们看到的东北地区的飞机制造、核电装备、数控机床等装备制造业企业，规模并不大，产值并不高，但是却体现着"国之重器"特点，是我国国防安全和产业安全的重要保障。从国家的粮食安全来看，我曾几次到黑龙江和吉林粮食产区考察学习，深切感受到东北地区的粮食生产在维护国家粮食安全中的战略地位。东北是我国重要的农业生产基地，粮食产量占全国总产量1/4以上，商品粮占全国1/3，粮食调出量占全国40%，是国家粮食安全的"压舱石"。前几年在黑龙江省北大荒集团，我看到一望无际的黑土地上，全部实现了机械化耕种，其情景令人震撼；最近我又率队参观了北大荒集团的数字农业指挥中心，看到通过数字化和人工智能技术，可将上亿亩的耕地集中进行智能化管理，切身感受到了"中国人的饭碗端在我们自己手里"的安全感。

习近平总书记高度重视东北振兴，曾多次从维护国家安全的角度强调东北振兴的重要性。2018年9月，习近平总书记在沈阳主持召开深入推进东北振兴座谈会时强调，东北地区是我国重要的工业和农业基地，维护国家国防安全、粮食安全、生态安全、能源安全、产业安全的战略地位十分重要，关乎国家发展大局。习近平总书记亲自为东北地区谋定了维护国家"五大安全"的战略定位，做出统筹发展和安全的前瞻性重大部署，进一步提升了东北振兴的战略层次，凸显了东北振兴的重要支撑地位，为新时代东北全面振兴提供了根本遵循。

东北三省地处复杂多变的国际地缘政治敏感区，肩负着发展和安全的重要使命。我们应自觉从维护国家安全的战略高度推进东北振兴，既要在总体上担负起维护"五大安全"的政治责任，又要厘清国防安全、粮食安全、生态安全、能源安全、产业安全的具体责任。比如在国防安全上，要进一步完善军民融合发展政策，充分释放军工企业制造能力，通过与地方产业链、供应链的衔接，提升国防装备制造产业创新能力和效率。再比如在产业安全上，针对"卡脖子"技术，要在自主研发体系、产业链供应链的完善上，采取有效举措甚至"举国体制"予以支持。东北地区的新定位，进一步明确了东北振兴的战略重点，使东北振兴战略与维护国家"五大安全"战略紧密结合，更加有利于加强政策统筹协调，有利于实现重点突破。

维护国家"五大安全"，也是东北振兴的重要途径。东北地区要以"五大安全"战略定位为引领，准确把握国家战略需要，充分发挥东北地区比较优势和深厚潜力，突出区域资源特色，结合建设现代化产业体系，谋划一批统筹发展与安全的高质量的重大项目。把"五大安全"的战略定位和政治责任，落实到东北振兴的各方面和全过程。特别需要强调的是，在东北地区产业结构调整中，要加强"国之重器"的装备制造业升级改造，加快数字化智能化进程，增强核心部件和关键技术的自主研发能力，解决好"卡脖子"问题。

二、关于东北振兴中的体制机制改革

当前，东北地区与发达地区的最大差距是经济活力的差距，从根本上讲，还是体制机制的差距。前不久我在东南沿海地区考察过程中，见到不少东北人在那里创业发展，其中一部分是商界人士，如企业家或公司高管；还有一部分是科技人员，他们当中许多人是携带着科技成果从东北转战到南方的。我与其中几位科技企业的高管和科研人员做了深入的交谈，询问了他们为什么远离家乡到这里发展，他们的回答几乎是一致的，即东南沿海的经济充满活力，市场机制发达，生产要素市场健全，创新创业的成功率高，企业家和科技人员的聪明才智能够得到充分发挥。至于东北的情况，他们的回答也是很中肯的：东北的产业和科技教育基础都很好，他们也想在当地创业发展，但是有几个因素使得许多人最终选择了离开——一是东北地区的企业缺乏创新动力和吸纳科技成果的积极性，在科研成果和优秀人才面前，更多的是南方企业（也包括创投公司）伸出橄榄枝，很少遇到东北企业的主动欢迎；二是要素市场不健全，获得资金的资本市场、获得人才的人才市场和制造业企业的供应链市场都有许多缺陷；三是尽管政府部门推动发展的积极性高，但是由于政策多变，新官不理旧账，所以给企业和创业者带来许多不确定性。

以上问题，究其原因还是东北地区的体制机制改革不到位。东北地区是在全国各区域中进入计划经济最早的地区，从 1950 年开始，国家就对东北地区的煤炭、钢材等生产资料进行统一的计划分配；另一方面，东北地区又是各区域中退出计划经济最晚的地区，由于长期形成的历史包袱，计划经济管理的惯性使得市场机制在原有的计划经济基础上发育得较为缓慢。尽管东北地区在国家自始至终的支持下，在体制机制改革方面做了大量艰苦细致的工作，但是与其他区域相比，特别是与东南沿海地区相比，市场化程度仍然不高，距离市场机制在资源配置中发挥决定性作用的目标还有相当大的差距。从现象上来看，市场化程度不高主要表现在来自企业的自我发展动力活力不足。国企改革不到位，效率不高，在许多竞争性行业对其他市场主体形成"市场准入障碍"或"挤出效应"，制约了民营经济的发展；而地方政府为了弥补市场主体数量不够、企业动力不足问题，不得不亲自下场参与经济活动，再加上长期形成的计划经济的管理习惯，在一定程度上挤压了市场机制发挥作用的空间，限制了市场机制对资源配置的决定性作用。所以，今后东北地区的深化改革还是要围绕着国企改革，以加快民营经济发展和理顺政府与市场的关系为重点。

一是国企国资改革。当前东北国有经济在总体经济中占的比重比较高。以国有控股工业企业资产占规模以上工业企业资产总额的比重为例，辽宁为53.2%，吉林为61.4%，黑龙江为43.2%，均远高于全国37.7%的平均水平。东北地区国有经济比重高有其历史原因，也有东北的国有企业特别是央企为国家担负着一些特殊职能的原因。因此东北地区的国企国资改革并不能简单地提出国退民进或降低国企比重的措施，而是要按照党的二十届三中全会的要求，推进国有经济布局优化和结构调整，增强东北地区国有企业的核心功能，推动国有资本向维护国家"五大安全"领域、向关系国民经济命脉和国计民生的重要行业和关键领域集中，通过完善现代企业制度，将东北的国有企业做强做优做大，提升国际竞争力。针对当前东北地区存在的"市场准入障碍"和"挤出效应"问题，国企国资改革要按照有所为有所不为的原则，在一些竞争性行业，通过混合所有制改革，为非公有制经济创造更多市场准入的机会。这样做一方面实现了国有资本布局的战略性调整，另一方面也在公平竞争的原则下，推动了非公有制经济的发展。

二是民营经济发展。民营经济一直是东北地区经济发展中的一块短板，这一方面是由于东北地区长期实施的是以国有经济为主导的经济模式，民营经济缺乏健康发展的土壤；另外一方面，东北地区的民营企业存在一些先天不足，相当一部分民营企业不是靠企业自身的资本积累和科技创新获得可持续发展能力，而是靠政府部门政策支持和金融机构的信贷扶持发展起来的。我们可以看到，东北地区早期发展起来的民营企业大都有能力获得低价的土地资源或矿产资源的开发许可，而在其背后往往隐藏着不正常的政商关系，因此，每当一个地区出现腐败案件时总会牵扯出一些民营企业家。东北地区民营企业平均生命周期明显短于东南沿海地区，这种先天不足制约了民营经济的发展。要解决这个问题，必须认真贯彻中央"两个毫不动摇"方针，建立亲清的政商关系，遵循国家正在制定的《中华人民共和国民营经济促进法》的法律原则，在明确民营经济发展"负面清单"前提下，放心放手、公平公正地支持民营企业的发展。针对东北地区民营企业家资源不足的问题，要充分利用东北地区的资源优势和产业优势，进一步降低市场准入门槛，吸引更多的外省市企业家到东北来创新创业，结合扶持和培养本土优秀企业家，不断壮大民营企业家群体，并逐步形成东北地区敢于竞争、勇于创新的企业家精神。

在支持非公有制经济发展过程中，我还有一个体会，就是要对民营企业进行正确引导。要认识到民营企业的本质特征是追求企业利益的，但是如何把企业利益与公共利益有机结合起来，这就涉及政府如何进行政策引导。20多年前，亿达集团和东软集团在大连创办了大连软件园，本来所在位置的土地是可以搞房地产开发的，这样可以取得较高的资金回报，但是在政府政策引导下，这两个公司合作规划建设了当时国内最大的软件园，这样就将企业利益和政府的公共利益有机结合起来。尽管企业取得的效益没有像房地产那么高，但是由于政府的一系列政策，他们可以取得更长远的利益，同时又能为城市的功能布局优化、产业结构调整、新兴产业发展做出贡献。大连软件园的建设开启了大连旅顺南路软件产业带的发展，使大连的软件产值从不足1亿元发展到现在的3000多亿元，旅顺南路软件产业带聚集了20多万的软件人才。从这个角度看，通过政府的正确引导，民营企业的利益是可以与公共利益达成一致的。

三是理顺政府与市场的关系。应当看到，由于传统计划经济下的企业对政府依附关系的延续，东北地区政府与市场的关系仍带有"大政府""小市场"的特征。特别是东北地区的各级政府担负着推进体制改革和实施东北振兴战略的重要职责，所以在实践中往往存在着一种"双重悖论"，即一方面政府推进体制改革、实施振兴战略的目的是增强市场活力，放大市场机制作用；但另一方面政府在实施改革和振兴措施的过程中，又往往强化了政府职能，增加了行政干预，进一步压缩了市场机制发挥作用的空间，使市场机制在配置资源方面的决定性作用难以得到有效发挥。要解决这一问题，还是要以党的二十届三中全会精神为指导，把"充分发挥市场在资源配置中的决定性作用，更好发挥政府作用"作为目标和原则，在具体实践中、在"推动有效市场与有为政府更好结合"上下功夫。一是把塑造"有效市场"作为政府的一项"公共服务"，通过落实党的二十届三中全会关于深化改革的各项措施，切实培育起有效的市场机制，并向全社会提供。二是当一些领域"有效市场"形成，市场机制能够对资源配置产生决定性作用时，政府应当主动退出此领域，防止政府"有形的手"干预有效市场"无形的手"的作用。三是政府在制定产业规划和产业政策时，应该遵循市场经济规律，预见中长期的市场波动和周期变化，弥补市场机制在某些环节的"失效"。四是在推动东北产业结构调整过程中，要把产业结构优化升级与培育市场机制有机结合起来，合理界定国企和民企投资的优势领域，结合国有资本的优化布局，将其投资重点集中到涉及国家重大利益的关键领域，并在竞争性领域为民营企业发展留出足够空间，防止出现"挤出效应"。特别是要抢抓当前新一轮科技革命和产业变革重大机遇，充分发挥民营企业家和科技人员创新创业的积极性和创造性，最大限度地将民间资金引导到科技研发和产业创新，在推动战略性新兴产业和未来产业的同时，发展壮大东北地区的民营经济。

党的二十届三中全会提出，到 2035 年全面建成高水平社会主义市场经济体制。这里所提到的"全面建成"，从区域上讲，就是全国一盘棋，各区域都要通过深化改革，完成向高水平社会主义市场经济体制转型的任务，共同融入全国统一的社会主义大市场之中。这对于目前在市场化改革中仍与发达地区存在较大差距的东北地区来说，既是推进改革的难得机遇，又是不容回避的巨大责任和挑战。

三、关于东北振兴中的产业结构调整

实施东北振兴战略的重要任务是推动东北地区的产业振兴，而产业振兴的核心内容是对东北地区现有的产业结构进行调整优化。近年来，我几次带领中国东北振兴研究院的研究人员深入到东北三省的企业进行调研，对东北地区的产业发展有了一些认识。

东北地区产业结构的主要特点是"老"。东北老工业基地之所以被称为"老"，是因为新中国成立初期国家在东北地区建设的工业体系属于工业化早期水平，产业结构单一，重化工业比重过高，其中能源与基础原材料工业处于价值链前端，附加值低，受某些资源枯竭的影响，成本增加，竞争力下降。东北地区装备制造业是国家工业体系中的顶梁柱，具有不可替代的优势，但是由于体制机制问题，长期以来技术更新缓慢，设备老化，慢慢落后于时代的发展。国家实施东北地区等老工业基地振兴战略后，加大力度对东北地区的产业结构进行了调整，但由于东北老工业基地长期积累的问题较多，历史包袱较重，所以这一任务仍未最终完成。最近几年东北各省区经济总量在全国排名仍然未有明显改变，说明经济增长的动能仍不充足，产业结构的老化问题仍未得到根本解决，结构性矛盾仍然是当前振兴发展面临的主要矛盾之一。老工业基地振兴是一个世界性难题，德国鲁尔、法国洛林、美国底特律地区都走过了近 50 年的艰难振兴历程。东北老工业基地振兴与体制转型相伴而行，更为曲折复杂，更要爬坡过坎。要充分认识老工业基地结构调整任务的艰巨性复杂性，以更加坚定的决心和顽强的意志，通过全面深化改革，激发市场经济主体竞争活力，焕发结构调整的积极性和创造性，通过有效的产业政策，推动传统产业的转型升级和战略性新兴产业发展，使东北地区的产业浴火重生、凤凰涅槃。我们正面临新一轮科技革命和产业变革，这为东北地区产业结构调整优化提供了一个难得的历史机遇。在科技革命和产业变革面前，东北地区的产业结构调整应当调整思路和方式，从传统思路采取渐进式的产业演化方式来推进调整，转换到以创新的思路采取突变式的产业变革来推进调整。主要思路有以下三方面：

一是加快推进产业链延伸和完善，增加传统原材料工业的附加值和竞争能力。东北地区是国家重点布局的重点工业燃料和原材料生产基地，原油开采、石油化工、煤炭电力、钢铁等既是资源密集型产业又是资本密集型产业。资源型产业附加值低，只有沿产业链向中下游发展才能提高附加值，增强竞争力；而资本密集型产业要求提高集中度，以规模经济降低单位成本，提高竞争力。以东北的石化产业为例，原来是以原油开采、石油炼化为主，提供的产品主要是燃油，中下游严重缺乏。辽宁省的总炼油能力是1亿多吨，且分散在多个炼厂，大多数炼厂都不够国际标准的规模经济。所以，辽宁石化产业作为第一大支柱产业，其出路只有两条：一条是拉长产业链，让石化产业从传统的炼油为主，向中下游的化工原料、精细化工和化工制成品方向发展，逐级提高产品的附加值和经济效益；另一条是走集中化规模化的道路，充分利用辽宁沿海深水港优势，在物流上利用港口大进大出，在生产流程上采用炼油化工一体化模式，从而增加规模效益，降低单位成本。2010年，大连长兴岛石化基地引进了民营企业恒力集团，在国家发展和改革委员会支持下，总投资2000多亿元，建设2000万吨炼化一体化项目，包括中下游环节150万吨乙烯项目、450万吨对二甲苯（PX）项目、1700万吨精对苯二甲酸（PTA）项目，这些都是世界上单体最大的项目。这些项目一方面真正实现了石油炼化沿着烯烃类和芳烃类两条路线向中下游延伸，后面环节的产品附加值会越来越高；另一方面真正实现了石油化工的规模化集约化生产，依托深水良港的物流条件，使物流成本更低、生产效率更高。恒力石化的投资再加上大石化的搬迁改造等项目将使大连长兴岛建设成为世界级石化基地，彻底改变大连石化产业的格局，实现脱胎换骨的结构调整，使之成为现代产业体系的重要组成部分。

二是促进实体经济与数字经济深度融合，将传统装备制造业转化为与数字时代相适应的"智能制造业"。我们现在已经进入了数字时代，加快实体经济与数字经济深度融合已刻不容缓。东北地区具有实体经济、数字经济深度融合的基础。一方面，东北传统制造业基础雄厚，门类齐全，有数量众多的传统制造业企业，其中许多企业在我国的工业体系中地位重要、不可替代，这些都为数字化应用和数字产业发展提供了宏大的应用场景，为数字技术赋能传统产业创造了巨大的发展空间。推动东北地区传统产业的数字化转型将为东北振兴带来两大增长点：一是众多传统制造业企业转型为智能制造企业，极大提高其制造效率、创新能力和国际竞争力；二是围绕数字化工业生态的建立完善，又派生出一大批为产业数字化服务的数字产业化公司。从这个角度看，东北地区所拥有的传统产业基础将转化为数字经济发展的难得的资源和优势。另一方面，东北地区也具备以数字技术改造传统产业的能力。在发展数字经济方面，东北地区起步比较早。以辽宁为例，2003 年，东北老工业基地振兴国家战略开始启动时，当时大连市所确定的四大支柱产业中，软件和信息服务业就是其中之一，而且这一产业布局被写进了《关于实施东北地区等老工业基地振兴战略的若干意见》。自此，大连的软件产业发展保持了 10 年之久的高速增长，旅顺南路软件产业带聚集了上百家世界五百强公司、上千家国内软件公司和 20 多万的软件人才，带动了应用软件的自主研发，人工智能、大数据、区块链等新技术也在软件业基础上开始起步。总体上看，东北地区的数字经济发展不是一张白纸，而是有相当的基础，只要咬定目标不放松，保持政策连续性，并且进一步加大支持力度，就一定会在数字经济与实体经济融合发展方面取得新突破。当前，东北要通过深化改革全面推进传统制造业企业的数字化改造。应当认识到数字化改造涉及复杂的生产流程和特殊的技术规定性，又需要进行必要的投资、付出相应的成本；更重要的是，要根据工业互联网的技术要求，重新构造生产流程和管理流程。因此，光凭企业自身的主动性是远远不够的，必须由政府出面，采取经济手段和行政手段相结合的方式，强力推进企业的数字化转型。一是示范引领，每个行业都要在国内外选择几个数字化转型成功的企业，组织同行进行学习借鉴，使其能够切身体会到数字化为企业带来的发展机遇和巨大利益；二是政策支持，对积极开展数字化转型的企业给予适当补贴和贷款贴息；三是通过产业链的关联企业相互促进，重点支持行业龙头企业数字化，然后遵循数字化伙伴优先原则，通过采购和销售方式的数字化引导配套企业的数字化建设。

三是大力发展新质生产力，推进战略性新兴产业和未来产业发展。要充分认识到，东北具备发展新质生产力的基础和条件。新质生产力并不是凭空产生的，它是建立在现实生产力的基础之上的。东北地区现有的代表国之重器的装备制造业解决了国外"卡脖子"问题，具有不可替代性，它所聚集的装备、技术、人才本身就是具有竞争力的先进生产力。在新的科技革命面前，只要顺应时代要求，加快数字化和人工智能应用，大力发展智能制造和绿色制造，那么传统制造业就会孕育出更多新质生产力。东北地区的教育、科技较发达，集中了一批国内优秀的大学和科研院所，每年为国家培养输送了大批优秀人才，也涌现出许多自主创新的科研成果，这些教育、科技资源是新质生产力形成的主要源头。但是由于体制机制障碍，东北地区的人才资源和科研成果并未在当地转化为新质生产力。我们经常可以看到，在东南沿海，一些自主研发的技术来源于东北的高校或科研院所。这说明，东北地区发展新质生产力是具备基础条件的。关键是如何将大学和科研院所的人才资源和科技资源就地转化为新质生产力，并通过具有竞争力的体制机制吸纳外来的新质生产力要素。加快发展新质生产力必须增强"赛道意识"，要认识到当今的科技革命已经改变了原有的产业发展逻辑，"换道超车"将变为常态。

如果固守在原有的传统赛道上，东北地区的产业发展会继续拉大和发达地区之间的差距，并且在新时代科技发展和产业创新中掉队。国家要求"十四五"期间东北振兴实现新突破，我认为主要应在"赛道转换"上取得突破。一是从"传统制造业改造赛道"转换到"智能制造新赛道"，对传统制造业进行全产业链全覆盖的数字化赋能改造和人工智能应用，搭上第四次工业革命这趟班车。二是从"资源枯竭型地区改造赛道"转换到"新能源、新材料发展赛道"，东北地区化石能源已失去优势，但是在风电、光伏、核电、氢能源、储能产业发展方面潜力巨大。三是抢占战略性新兴产业和未来产业赛道，充分利用东北地区教育、科技资源优势，积极鼓励支持自主创新，加强尖端技术和颠覆性技术研发和产业化，争取在新兴产业和未来产业发展中后来居上。

要塑造有利于新质生产力发展的体制机制。加快发展新质生产力必须形成与之相适应的新型生产关系，从东北地区来说，就是要塑造有利于新质生产力发展的体制机制和政策环境。新质生产力由于其革命性和创新性，自身的流动性很强，为了寻找更适宜的发展环境，新质生产力可以随时跨国跨地区转移。近年来，东北地区加强营商环境建设取得了很大进展，而当前加快发展新质生产力，更需要通过深化改革，为新质生产力孕育和发展创造良好环境。一是深化行政体制改革，增强政府部门推进科技创新和产业创新的责任感，提高对科技企业和科研单位的服务效率，打造一支熟悉科技和产业发展规律、具有服务意识、高效廉洁的公务员队伍；二是深化科技教育体制改革，推动科研与产业深入融合，培养更多高质量创新型人才；三是大力支持以企业为主体的创新体系建设，充分发挥央企在东北产业创新中的引领作用，同时积极支持民营科技企业投身于新兴产业和未来产业发展之中；四是打造支持新质生产力发展、推进东北地区科技发展和产业创新的投融资体制。

四、关于东北振兴中的对外开放

党的二十届三中全会通过的《中共中央关于进一步全面深化改革、推进中国式现代化的决定》（以下简称《决定》）强调："开放是中国式现代化的鲜明标识，必须坚持对外开放基本国策，坚持以开放促改革，依托我国超大规模市场优势，在扩大国际合作中提升开放能力，建设更高水平开放型经济新体制。"在新时代东北全面振兴的关键阶段，认真学习贯彻党的二十届三中全会精神，推动东北地区全方位开放，建设更高水平的开放型经济新体制，具有十分重大而深远的意义。

要充分认识东北对外开放在国家总体对外开放格局中的战略地位。改革开放40多年来，我国对外开放呈现出由南至北梯度开放的格局。20世纪70年代末80年代初，以深圳经济特区建设为标志的珠江三角洲对外开放，对应于国际资本向亚太地区流动、亚太地区劳动密集型产业向中国转移的形势；90年代，以浦东新区建立为标志的长江三角洲对外开放，对应于全球化进程加快、中国积极参与全球化的形势；10多年前，"一带一路"倡议及京津冀协同发展战略的提出是以全球金融危机之后美国的单边主义导致逆全球化倾向为背景的；最近几年，中央强调东北要成为对外开放新前沿，这是基于地缘政治新变化、中美贸易冲突加剧、俄乌冲突及俄战略向东向亚洲转移，进而东北亚成为国际合作热点地区的形势做出的重大判断；而发挥东北作为东北对外开放新前沿的作用，推动全方位对外开放，特别是加强与东北亚各国的深度合作，已成为我国应对百年变局、保障国家安全、拓宽国际合作空间，实现世界政治经济秩序向有利于我国方向转变的战略选择。

我国东北地区地处东北亚区域的中心地带，向北与俄蒙接壤，是我国的北大门；向东与朝鲜半岛相连，与日韩隔海相望；向南通过辽宁沿海连接太平洋，与亚太国家和地区沟通紧密；向内与京津冀和东部沿海省市相互依存，是畅通国内大循环、联通国内国际双循环的关键区域。东北海陆大通道是"一带一路"的重要线路，是我国沿海地区和日韩"北上西进"到欧洲的便捷通道。东北产业基础雄厚，人才科技资源丰富，生态环境良好，在经济合作方面与相关国家和地区具有难得的互补性。应当充分认识东北的开放优势，增强开放前沿意识，推进东北地区全面开放，这不仅是东北全面振兴取得新突破的需要，更是我国应对世界百年未有之大变局、开拓全方位高水平对外开放格局、突破以美国为首的西方国家对中国的遏制打压和围堵、维护国家安全、实现第二个百年奋斗目标、加快中国式现代化进程的需要。

东北地区的全面开放是一个多维度全方位开放的概念，从开放格局看，既要对外开放，也要对内开放；从开放方位看，包括了东西南北中全方位开放；从开放内容看，既包括资金技术信息的流动型开放，也包括规则规制管理标准等制度型开放。

一是进一步加强对内开放。东北地区在长期计划经济中形成的封闭性特征，首先需要通过对内开放予以打破。要通过深化改革缩小东北与先进地区在市场化和开放度方面的差距，尽快融入全国统一大市场。要加强东北振兴战略与发展京津冀、长江经济带、粤港澳大湾区等国家重大战略的对接，消除各类阻挡要素跨区域流动的障碍，积极接受先进地区资金、技术、人才、信息等资源的辐射，发挥东北地区自身优势，在畅通国内大循环、联通国内国际双循环中发挥更大作用。

二是加快实施向北开放战略。要充分认识到在世界经济政治格局深刻变化的形势下，东北地区向北开放、积极开展对俄罗斯经贸合作的重大战略意义和难得的历史机遇。要深入分析中俄经济互补性，挖掘两国经贸合作潜力和空间，积极开展与俄罗斯多领域的务实合作。要大力推进石油、天然气、核电等领域的合作，强化中俄能源交易和物流设施建设，保障我国的能源安全。要加强东北地区各边境口岸现代化建设，提供高效率通关便利服务，促进对俄贸易高质量发展，把各口岸城市打造成中俄贸易物流枢纽城市。要充分发挥东北地区的产业优势，有效利用俄罗斯远东开发战略的各项政策，参与远东地区基础设施投资、资源开发、环境保护、农业发展、制造业等领域的合作。要加强与俄罗斯人才、技术、资金等领域的交流与合作，在推进产业合作的同时，逐步建立完整的产业链和供应链，带动东北地区的产业转型与升级。

三是以 RCEP（区域全面经济伙伴关系协定）为契机深化与日韩合作。作为东北三省的主要贸易和投资伙伴，日本和韩国之前在东北做了大量投资。

当前受地缘政治形势变化，合作受到一些阻碍，日韩企业开始重构产业链和供应链并转移投资。由此，要抓住RCEP实施的契机，加快建设以RCEP为基本原则的国际化投资环境，加强与日韩企业的沟通，帮助他们解决发展中的困难，恢复日韩企业在东北投资发展的信心，稳固原有的合作关系，同时实施更加优惠的政策，吸引日韩企业通过增量投资进行产业升级，在东北地区形成新兴产业的产业链和供应链。

四是建设东北海陆大通道。要把东北海陆大通道建设纳入国家"一带一路"的重点建设项目中予以推进。加快东北亚国际航运中心建设和大通道沿线物流枢纽建设，提升辽满欧、辽蒙欧两条海铁联运班列转运效率，争取开辟辽宁沿海港口至欧洲的"北极航线"，打造连接亚欧大陆的"一带一路"新通道。东北海陆大通道沿途四个副省级城市，哈长沈大要一体化发展，提高对外开放水平，完善中心城市功能，打造东北亚地区最具活力的城市带。大连应发挥好东北亚重要的国际航运中心、国际贸易物流中心和区域性金融中心作用。

五是积极稳妥推进制度型开放。东北全面开放能否顺利推进，关键是能否创造一个具有竞争力的国际化的营商环境。要下决心推进规则、规制、管理、标准等制度型开放，用制度型开放倒逼行政体制改革，补齐东北地区国际化营商环境的短板，不断提高贸易投资的便利性，增强东北地区对国际先进生产要素的吸纳能力。

五、关于东北振兴中的营商环境建设

改善营商环境是国家实施东北振兴战略以来，对东北地区提出的一项重要而艰巨的任务。习近平总书记每次到东北考察都强调改善营商环境的重要性，特别在2018年9月主持召开的深入推进东北振兴座谈会上，对东北振兴提出六个方面要求，其中排在首位的就是"以优化营商环境为基础，全面深化改革"。近年来，东北各级党委、政府认真贯彻落实习近平总书记的重要指示，在加强营商环境建设方面做了大量卓有成效的工作，东北地区的营商环境有了明显改善，但是与先进地区相比，与企业和老百姓的期望相比，还有不小的差距。这一差距主要表现在东北地区对先进生产要素，包括资金、技术、人才的吸纳能力仍然不足，"孔雀东南飞"和"投资不过山海关"的问题仍然未从根本上得到解决。在全国各区域都在致力于打造高水平营商环境的背景下，东北地区不能再满足于原有水平的营商环境了，而必须对标先进地区的标准，提高建设营商环境水平，增强东北地区对先进生产要素的吸纳能力，推动新时代东北全面振兴实现新突破。

什么是高水平营商环境？就是党中央提出的市场化、法治化、国际化的营商环境。这一概念可以追溯到党的十八届五中全会，当时明确提出了要完善法治化、国际化、便利化的营商环境，这是中央文件中对市场化、法治化、国际化营商环境的早期表述。2019年10月，国务院通过了《优化营商环境条例》，以政府规定的方式明确了市场化、法治化、国际化营商环境的定义，并提出了具体的政策措施。党的二十大报告进一步强调，市场化、法治化、国际化一流营商环境建设是当前中国推动实现高质量发展和中国式现代化的重要保证。党的二十届三中全会《决定》从"构建高水平社会主义市场经济体制""完善高水平对外开放体制机制""完善中国特色社会主义法治体系"三个角度，分别深入阐述了通过全面深化改革，构建高水平的市场化、法治化、国际化营商环境的基本原则和具体的改革措施。特别是《决定》强调"构建全国统一大市场""规范地方招商引资法规制度，严禁违法违规给予政策优惠行为"，这实际上是对以往个别地区在营商环境建设方面随意性做法的一种纠正，更加凸显了通过深化改革，建设统一的市场化、法治化、国际化营商环境的客观必要性。

东北地区如何通过深化改革，加快建设市场化、法治化、国际化营商环境？从市场化角度，就是要持续不断地推进市场化改革，培育壮大市场机制，促进市场机制在资源配置中发挥决定性作用，同时要界定好社会主义市场经济条件下政府与市场的关系，加快政府职能转变，深入推进行政管理体制改革，提高政府对市场主体的服务意识和服务效率，在鼓励市场主体充分竞争的前提下，维护市场竞争的公平性。从法治化角度，对东北地区来说，法治化建设是当前营商环境建设中一块短板。要着力解决当前东北地区营商环境缺乏法治保障的问题，克服政府在服务市场主体过程中的随意性、不稳定性、缺乏诚信，甚至忽视或侵犯市场主体合法权益的倾向，加大法治化营商环境建设力度。在立法层面，进一步完善适应社会主义市场经济体制的商事法律法规体系。在执法层面，增强政府部门依法行政意识。在司法层面，加强司法机关队伍建设，提高司法人员素质，推进各司法机关公正公平司法。在遵法层面，积极引导企业和个人遵法守法，共同维护法治化市场经济秩序。从国际化角度，打通国内循环和国际循环的体制界限，积极稳步扩大规则、规制、管理、标准等制度性开放，主动对接国际高标准经贸规则，打造面向东北亚区域对外开放新前沿，建设高水平开放型经济新体制。

在谈到营商环境建设问题时，我还想举一个具体例子。2024 年 9 月，我率队到大连长兴岛恒力重工集团有限公司（简称恒力集团）调研，见到一位熟人，他原来在中国船舶重工集团有限公司上海总部工作，目前在恒力造船（大连）有限公司担任领导职务。我随口问他：从上海到大连长兴岛有什么感想，有什么得失？他说，把长兴岛打造成为一个世界级的造船基地不仅是政府的梦想，也是他作为造船人的梦想，为了实现这一梦想，即使不拿报酬，他也要为之奋斗。这句话既使我感动，也让我很受启发。其实在东北振兴过程中，许多事情政府自己是做不了的，比如产业结构调整，打造现代产业体系，必须靠企业来做。但是政府可以创造一个有吸引力的营商环境，采取一些政策措施，吸引企业来完成政府目标。十几年前，我们为推进产业结构调整，引进了恒力集团到长兴岛投资，恒力集团共投入资金 2000 亿元，目前长兴岛世界级石化基地建设已见雏形，同时恒力集团又收购了韩国 STX 造船，再过三五年，长兴岛又会崛起一个世界级的造船基地。在此过程中，政府做了什么？我们就是打造了一个良好的营商环境，却用企业的力量做成了大事，完成了政府的工作目标，做出了政府人员想做而做不到的事情。这个投入产出关系是显而易见的，我们何乐而不为？我想用这个例子说明，如果政府部门弯下腰来创造良好的营商环境，尽心尽力做好对企业的服务工作，企业一定会创造更多的社会财富，为地方经济发展做出更大贡献。

　　建设高水平营商环境是东北振兴实现新突破的重要保证，也是东北地区与全国各地区同步实现中国式现代化的重要保证。营商环境的好坏是一个地区核心竞争力的重要标志。营商环境只有更好，没有最好，当前全国各省市都在积极开展营商环境建设，以取得更大的竞争能力。东北地区要想迎头赶上，与全国同步实现第二个百年奋斗目标，必须在全面深化改革上下功夫，建设与其他地区同等水平甚至更高水平的市场化、法治化、国际化营商环境。

2025 年 2 月

前　言

　　碳减排会从方方面面影响经济社会生活。从某种意义上来说，争取碳减排的额度和目标的过程，是大到国家，小到省市、地区争夺发展权的过程。本书的总体思路是：首先站在国家的角度讨论怎样才能建立一种更"公平""可操作性"更强的贸易隐含碳分配方案，然后将这种方案用于分析东北地区贸易隐含碳的责任分配。

　　《联合国气候变化框架公约》将"隐含碳"定义为"商品从原料的取得、制造加工、运输，到成为消费者手中所购买的产品这段过程中直接或者间接排放的CO_2"。对隐含碳研究的关注来源于人类对气候变化的担忧、国际贸易的发展和国际间利益、政治的博弈。一方面，国际贸易的发展使生产和消费分离的程度不断加深，隐含碳的规模越来越大；另一方面，国际气候大会的协议和框架的约束性不断提高，国际气候大会已经是全球应对气候变化、减少碳排放的"竞技场"。贸易隐含碳的碳排放责任分配问题成为气候谈判和学术研究的热点，可以说贸易隐含碳的碳排放责任分配问题是一个起源于科学，发展于政治，归结于经济利益和地缘政治的复杂问题，单独地、割裂地研究碳排放责任分配方案在现实世界中是难以操作的。

　　目前国际上通用"领土责任原则"来界定碳排放责任，从《联合国气候变化框架公约》，到《京都议定书》，再到2016年生效的《巴黎协定》等，都是基于"领土责任原则"的生产者责任核算污染排放的协议，虽然以"污染者担责"为基本逻辑的核算原则更加直观且易于核算，但其在国家碳排放权分配上的缺陷也日益明显：基于"领土责任原则"的碳排放核算方案不仅会催生严重的碳泄漏，也对中国等发展中国家有失公平，此外，由于发展中国家出口商品中隐含了大量的碳排放，领土责任原则将降低发展中国家参与国际减排协议的意愿。基于公平维度，国内外一些学者相继提出了以消费者责任原则为基础的碳排放国家责任核算方案，使消费者的责任得到充分体现。相对生产责任原则，理论上消费责任原则更加公平且能有效避免碳泄漏问题，但是通过消费者的绿色消费来引导生产者减排，存在实际减排动力不足的问题。

由于对领土责任原则和消费责任原则均存在争议，这使得共同责任原则成为折中的方案。"共同责任原则"公平性高，易于形成减排合力，也是碳排放责任方案研究的潜力区域。目前国内外关于"共同责任原则"的研究成果还相对较少，其碳排放的分配方式以算术平均或加权平均为主要手段，在理论上缺乏依据，碳排放责任分配机理不清，难以让各方利益集团信服。

在这样的研究背景下，本书认为，在碳排放责任分配过程中，我们必须考虑以下两个经济事实：（1）贸易隐含碳实际上是一种"市场失灵"，国际贸易商品的价格中并没有包含碳排放的成本，价格机制在国际贸易中不能解决碳排放的有效调节；（2）目前缺少有效的手段让价格机制重新发挥作用，无论是碳排放权还是碳关税在实际执行过程中都难以在国家之间展开。因此，设计一套符合经济伦理的碳排放责任分配方案是有巨大现实意义的。本书提出的分配方案是：按照"获利越多，责任越大；效率越低，责任越大"的原则分别构建获利因子和效率因子来分配贸易隐含碳，两者分别反映分配系数的公平和效率两个维度。"效率因子"能够让生产者为了避免承担更多的碳排放责任而改进生产技术、提高生产效率，从而减少碳排放；"获利因子"在一定程度上反映了交易各方对于交易的"迫切程度"，获利越多的承担的碳排放责任越多也在一定程度上提高了方案被各方接受的程度，从而在全球尺度下降低碳排放。

本书由东北财经大学统计学院副教授屈超和东北财经大学出版社副编审

李季共同完成。在本书的创作过程中，许多学生积极参与和支持，他们是东北财经大学统计学院的孟哲轩、孙凯、杨荀、尉乐梅、吴哲婷、桑雅娜，西安大略大学的屈泽汶，北京理工大学的王文涓，他们在研究、撰写和校对方面提供了宝贵的帮助，可以说没有他们的付出，也很难有本书的顺利出版。还要特别感谢中国东北振兴研究院的各位研究同仁对本书的出版起到了重要作用。

　　书中难免存在疏漏，望同行专家及读者批评指正。

屈超　李季

2024 年 12 月

目　录

第一章
从框架公约到巴黎协定

第一节　贸易隐含碳：气候、贸易与政治博弈

人类社会自工业革命以来，经济全球化进程不断深入，经济与科技的持续繁荣发展给人类带来了前所未有的巨大改变并提高了人类的生活水平，随之而来的是环境污染的加剧。20 世纪 70 年代，随着科学家们逐渐深入地了解地球大气系统，温室气体的排放才开始引起大众的广泛关注。对此，国际社会制定了一系列政策来明确各国碳排放责任，控制温室气体排放。

一、《联合国气候变化框架公约》

1972 年 6 月，斯德哥尔摩人类环境会议通过了《人类环境宣言》。《人类环境宣言》以及其他若干决议，为国际环境保护与各国环境立法提供了规范，人类社会开启了举办国际环境会议的序幕。1979 年 2 月，世界各国在瑞士日内瓦举行了首届世界气象组织气候大会，会议通过了《世界气候大会宣言》。1988 年底，第 43 届联合国大会通过了《为人类当代和后代保护全球气候》的决议。以上决议均没能对各国提出明确减排要求，但为《联合国气候变化框架公约》(United Nations Framework Convention on Climate Change,

UNFCCC）的确立奠定了良好的基础。

《联合国气候变化框架公约》（以下简称《框架公约》）是联合国大会于
1992 年由 150 多个国家以及欧洲经济共同体共同签署，公约由序言及 26 条
正文组成，具有一定的法律约束力，终极目标是将大气中温室气体浓度维
持在一个稳定的水平，在该水平上人类活动对气候系统的危险干扰不会发
生。

根据"共同但有区别的责任"原则，公约对发达国家和发展中国家
规定的义务以及履行义务的程序有所区别，要求发达国家作为温室气体
的排放大户，采取具体措施限制温室气体的排放，并向发展中国家提供
资金以支付他们履行公约义务所需的费用。而发展中国家只需制定并执
行有关于温室气体排放方面措施的方案，不承担有法律约束力的限控义
务。

该公约建立了一个向发展中国家提供资金和技术，使其能够履行公约义
务的机制。截至 2016 年 6 月，加入该公约的缔约国共有 197 个。《框架公约》
是世界上第一个为全面控制二氧化碳等温室气体排放，应对全球气候变暖给
人类经济和社会带来不利影响的国际公约，也是国际社会在应对全球气候变
化问题上进行国际合作的一个基本框架。

《框架公约》第 3 条规定了用于指导各缔约方履约的五项基本原则，第一
条即为 CBDR 原则（共同但有区别责任原则），该项原则要求发达国家需率先
采取行动应对气候变化及其不利影响，该原则被各国认为是国际应对气候变
化国际合作强有力的原则和工具。

《框架公约》本身不足之处是其最终目标并未明确将大气中的温室气体稳
定在什么浓度水平上。由于在实质上涉及了各缔约方在能源消费总量和效率
方面的利益，所以自《框架公约》生效以来，各缔约方几乎均未采取有效措
施来限制二氧化碳的排放。

二、初步发展——《京都议定书》

气候变化是一个非常复杂的环境、经济和社会问题，但是联合国却在不长的时间里就通过了《框架公约》。并且，此公约还得到了各国的广泛承认，这不得不归功于该公约的独特性、框架性。鉴于气候变化对人类造成的灾难性后果，为了能够在较短时间内最大力度吸引各国加入到防止气候变化的新的国际公约中来，该公约几乎以国际宣言般"软法"的形式通过。它只规定了关于防止气候变化的最基本的法律原则，而没有涉及缔约方的具体国际义务。因此，《框架公约》的缔结，只是国际社会采取共同行动控制气候变化的第一步，它的进一步实施依赖于缔约以后的续展谈判，并制定具体的实施性议定书。

《框架公约》欠缺可具体实施的法律规则是先天性的，正如它的名称，只是一个框架公约。以其第 4 条"承诺"为例：公约要求各缔约方采取国家措施和政策控制气候变化，但是对具体应该采取的措施和政策没有进行导向性的规定；发达国家的缔约方的承诺也是空泛的，对控制温室气体排放的管制对象、控制目标、承诺期限都模糊不清；其他诸如温室气体排放控制目标、承诺削减排放的期限如何、削减的基准年是什么时候并如何计算削减等也是模糊粗糙的。

当然《框架公约》的"粗糙"也可以说是自觉而不得已的。因为，若非如此将很难把发达国家召集到公约之下。因此，《框架公约》在制定的时候已经预设未来公约续展谈判和立法的必然性：关于"公约的修正"的规定、《框架公约》第 4 条第 2 款第 a 项提到的"联合实施"等约定成为以后《京都议定书》"联合实施机制"的重要法律依据。

由于《框架公约》没有对减排指标做出具体规定，缺乏可操作性，为此各缔约方经过艰苦谈判，于 1997 年制定了历史上第一个为发达国家规定减少温室气体排放的法律文件：《京都议定书》，这一协定被称为人类"为防止全球气候变暖迈出的第一步"。

《京都议定书》的先进性首先体现在建立了碳排放权交易机制、共同执行机制和清洁发展机制；其次是允许各缔约方灵活参与，可制定适合本国的减排方针；最后《京都议定书》提出减排主要针对发达国家，体现了公平的原则。这些原则以市场为基础，有望高效降低全球减排成本，提高减排效率。

但同时，《京都议定书》也有一定的局限性。政府间气候变化专门委员会（IPCC）2014年的报告如此评价《京都议定书》的不足：首先，世界上最大温室气体排放国——美国，没有被纳入强制减排中，一些温室气体排放量大的发展中国家也没有列入，这使得《京都议定书》在很大程度上与欧盟的碳减排计划重叠，很难实现将大气中的温室气体含量稳定在一个适当的水平；其次，由于《京都议定书》只规定有限的国家需要履行强制减排承诺，这就可能增加这些国家将高碳排放产业转移到其他国家以降低生产成本，从而导致"碳泄漏"现象；最后，《京都议定书》的短期性可能会影响私营部门对低碳减排技术的投资，《京都议定书》的第一个承诺期只有5年，它的相对短期和未来前景的不确定性，对私有企业的低碳减排投资有消极影响。

事实上，《京都议定书》第一阶段的履约情况并不好。根据英国《卫报》报道，共有12个国家没有实现其承诺的减排目标，相当于大约1/3的缔约国没有实现履约。从全球范围来看，《京都议定书》并没能有效遏制温室气体排放量增长的势头，从1990年到2011年，全球的温室气体排放量增长了11.3%。除了减排目标方面的履约情况不令人满意，发达国家也没有积极履行对发展中国家提供资金和技术援助的承诺，致使《京都议定书》在推动发展中国家可持续发展方面也成效不佳。

三、谈判僵持——巴厘路线图和哥本哈根会议

由于《京都议定书》第一承诺期到2012年截止，为解决之后如何进一步降低温室气体的排放，巴厘岛气候大会于2007年在巴厘岛召开，诞生了"巴

厘路线图"。

"巴厘路线图"首先强调了国际合作，依照《框架公约》五项原则，特别是"共同但有区别的责任"原则，兼顾社会、经济及其他相关因素，与会各方同意长期合作采取共同行动，制定了一个关于减排的全球长期目标，以实现《框架公约》的最终目标。同时把美国纳入进来，"巴厘路线图"明确规定，《框架公约》规定所有发达国家缔约方都要履行可测量、可报告、可核实的温室气体减排责任。此外，还强调了另外三个在之前的谈判中被不同程度忽视的发展中国家极为关心的问题，分别是气候变化、技术开发和转让以及资金问题。在"巴厘路线图"中，中国与其他发展中国家共同承诺担当应对气候变化的相应责任。"巴厘路线图"是人类应对气候变化历史中的一座新里程碑。

气候变化谈判已经成为全球最重要的多边机制之一。自 2008 年起，围绕"巴厘路线图"的落实，全球气候变化谈判进入了涵盖面更广的"哥本哈根进程"。哥本哈根进程的核心问题主要有两个方面：一是各缔约方能否在"共同但有区别的责任"原则下达成共识，促使发达国家履行减排目标，确保未批准《京都议定书》的发达国家承担可相互比较的减排承诺，同时推动主要发展中国家参与减排；二是能否保持《框架公约》全面、有效和持续实施的问题，各方需要就减缓、适应、技术转让、资金支持等问题的制度安排进行谈判，并通过有效的机制安排，推动发达国家和发展中国家在资金、技术转让和能力建设支持方面达成共识，推动各国在可持续发展框架下根据本国国情采取适当的适应和减缓行动。

四、再次启程——《巴黎协定》

2015 年，联合国第 21 次气候大会通过了《巴黎协定》。196 个《框架公约》成员国中的 186 个成员国提交了国家自主贡献目标，相当于覆盖了全球 96% 的温室气体排放量，因而被认为是全球气候变化谈判在经历了哥本哈根会议的低潮与挫折后的一次伟大胜利。

《巴黎协定》成为全球协同应对气候变化努力进程中的另一个里程碑，世界应对气候变化治理机制发生了根本转变。不同于以往的自上而下的治理机制，《巴黎协定》规定治理气候变化以自下而上为主，同时兼有自上而下的治理成分的混合型治理机制，开启了治理气候变化的新时代。为了最大程度地赢得国家参与和支持，《巴黎协定》虽然仍然秉承"共同但有区别责任"原则，但是重心已然不像《京都议定书》那样过分强调发达国家的减排义务，而是更多地维护公平，强调世界各国依照各自能力制定国家自主减排模式。尽管"共同但有区别责任"原则仍然出现在《巴黎协定》的文本中，但是后半部分的"依据各自能力"已然成为更为重要的参照原则。

在《巴黎协定》框架下，发达国家与发展中国家的"有区别责任"主要体现在发达国家对发展中国家的资金和技术援助方面，在减排目标上已经不再区分。无论从治理机制、法律形式、法律基本原则、法律履约机制还是市场机制等方面，《巴黎协定》都在《京都议定书》的基础上做了重大改进。

要指出的是，虽然当前《巴黎协定》获得一片盛赞，但是该协定还存在许多亟待解决的关键问题。它只是一个好的起点，如果国际社会在接下来的几年中未能赋予协定更实质性、更可执行的内容，《巴黎协定》也许会沦为一纸空壳。所以在"后《巴黎协定》时代"，国际社会面临的挑战还有很多。如何从国际法的角度去丰富《巴黎协定》内容和建立真正有效的履约机制，是国际社会亟须认真思考的问题。

《巴黎协定》最突出的特点是将所有缔约方（包括发展中国家）纳入到温室气体减排的行列中。这表现在：

一方面，《巴黎协定》要求所有缔约方承担减排义务。如《巴黎协定》第4条第4款规定，发展中国家缔约方应当继续加强它们的减排努力，应鼓励它们根据不同的国情，逐渐实现绝对减排或限排目标，从而表明所有的国家均要减排，仅在力度上不同而已。这无疑与《京都议定书》只规定"附件一国家"承担减排义务完全不同,意味着发展中国家游离于全球温室气体减排框架之外的时代已不复存在。

另一方面,这种将发展中国家纳入减排之列的做法是强制性的。首先,《巴黎协定》是一份具有法律拘束力的协议,不同于联合国气候变化大会历次通过的决议,违反其相关规定,国家将承担国际法上相应的国际责任。其次,《巴黎协定》有别于《京都议定书》中对"非附件一国家"的减排规定,发展中国家的减排不再是可有可无的,而且根据《巴黎协定》第3条,"所有缔约方的努力将随着时间的推移而逐渐增加"。

《巴黎协定》依然坚持了共同但有区别的责任原则。如上文所言,尽管《巴黎协定》将所有国家都纳入了全球减排行列,但仍坚持"共同但有区别的责任"原则。这体现在:

第一,《巴黎协定》在其序言中明确强调了共同但有区别的责任原则。《巴黎协定》序言第3段明文表示,推动《框架公约》目标的实现并遵循其原则,包括以公平为基础并体现共同但有区别的责任和各自能力的原则。

第二,在正文文本中,《巴黎协定》多处明确指出适用共同但有区别的责任原则。如《巴黎协定》第2条第2款规定,该协定的执行按照不同的国情,体现平等以及共同但有区别的责任和各自能力的原则。第4条第3款规定,各缔约方下一次的国家自主贡献将根据不同的国情,逐步增加缔约方当前的国家自主贡献,并反映其尽可能大的力度,同时反映其共同但有区别的责任和各自能力的原则。第19款要求所有的缔约方努力拟定并通报有关温室气体低排放的长期发展战略,同时注意第2条,根据不同国情,考虑其共同但有区别的责任和各自能力。

第三,从内容来看,《巴黎协定》对发展中国家、最不发达国家、小岛屿发展中国家在减缓和适应气候变化、减少损失和损害、相关技术的开发和转让、能力建设、资助透明度的增加等方面做出了具体的实施建议。

《巴黎协定》创设了包括可持续发展机制在内的全球应对气候变化的新机制。《巴黎协定》在一定程度上是对《京都议定书》的继承,但又不同于前者。《巴黎协定》创建并加强了应对气候变化的下列机制：

第一，建立了新的可持续发展机制。《巴黎协定》第 6 条第 4 款规定，将在作为《巴黎协定》缔约方会议的《框架公约》缔约方会议的授权和指导下，建立一个机制，供缔约方自愿使用，以促进温室气体排放的减缓，支持可持续发展。这一机制的设立显然与《巴黎协定》中国家自主贡献模式的形成直接相关，且从其产生的背景看，可持续发展机制亦与联合国 2015 年通过的《2030 年可持续发展议程》联系密切，这从与《巴黎协定》同时通过的《巴黎决议》明确提及联合国可持续发展议程中即可见一斑。此外，从《巴黎协定》的第 6 条第 8 款的要求看，可持续发展机制将包括市场方法和非市场方法两个方面。其具体的机制规则、模式和程序将在"作为《巴黎协定》的缔约方会议的第一次会议上通过"（《巴黎协定》第 6 条第 7 款）。

第二，建立有关技术开发和转让的新的技术性框架。《巴黎协定》第 10 条第 4 款提出，将建立一个技术性框架，为促进发展有关技术研发机制和方便技术开发与转让的强化行动提供指导。同时，《巴黎协定》也首次将技术和开发转让与资金资助相关联。其第 10 条第 5 和第 6 款规定，应对这种努力，酌情提供资助，包括由《框架公约》技术机制和《框架公约》资金机制通过资金手段，以便采取协作性方式进行研究和开发。为技术开发和转让所提供的资金资助将被纳入到《巴黎协定》所安排的全球总结中。

第三，创建增强行动和资助的透明度的框架。《巴黎协定》第 13 条第 1、第 4 和第 5 款规定，为建立互信并促进《框架公约》的有效执行，将设立一个关于增强行动和资助的透明度的框架，并内置一个灵活机制。其透明度框架的安排，是为了实现《框架公约》第 2 条所列目标，明确了解应对气候变化的行动，包括明确和追踪缔约方根据第 4 条，在实现各自国家自主贡献方面所取得的进展；以及缔约方按照第 7 条采取的适应性行动。透明度框架将依托并加强在《框架公约》下设立的相关机制性安排，包括国家信息通报、两年期报告和两年期更新报告、国际评估和审评以及国际协商和分析。由此可见，《巴黎协定》对透明度框架的创设，其实质在于取代原有的减排核查制度，且该框架增加了对发达国家向发展中国家的技术转让、能力建设的开展等方面的审评，这将有力地突破先前仅限于对减排的核查，并将发展中国家极力要求的技术转让等纳入强制性规定，体现了发达国家与发展中国家在对气候变化的减缓和适应方面的权利与义务的平衡。

第四，创建了应对气候变化的全球总结模式。《巴黎协定》第 14 条创立了应对气候变化的全球总结模式。所谓全球总结模式，是指作为《巴黎协定》缔约方会议的《框架公约》缔约方会议（以下简称缔约方会议）应定期总结《巴黎协定》的执行情况，以评估实现该协定宗旨和长期目标的集体进展情况。《巴黎协定》第 14 条第 2 款规定，第一次全球总结将于 2023 年进行，此后每 5 年进行一次，除非缔约方会议另有决定。毫无疑问，应对气候变化的全球总结模式是在《巴黎协定》确立国家自主贡献这一减排模式后，为更加全面地考虑对气候变化的减缓和适应以及该协定的执行，顾及公平和科学利用而设立的，它将最终成为未来缔约方会议在考虑加强温室气体减排和对气候变化的适应方面的累积性总结，并为建立健全全球应对气候变化的制度安排奠定基础。

此外，《巴黎协定》在第 15 条中还建立了一个敦促执行和遵守协议的机制，后者将由一个专家委员会组成，并以具有高度透明度的、非对抗的、非惩罚性的建设性方式履行其职能。它将在《巴黎协定》第一次会议通过的模式和程序下运作，并每年向联合国气候变化大会提交报告。

第二节　东北地区碳排放现状

20 世纪以来，全球气候变暖和频繁的灾难性天气使得温室气体的减少变得更加复杂和困难。中国作为世界上最大的发展中国家，以大国姿态积极参与全球气候治理，作出重要贡献。2020 年 9 月、12 月，中国国家主席习近平在联合国大会上向全世界宣布："中国将提高国家自主贡献力度，采取更加有力的政策和措施，二氧化碳排放力争于 2030 年前达到峰值，努力争取 2060 年前实现碳中和"[1]"到 2030 年，中国单位国内生产总值二氧化碳排放将比 2005 年下降 65% 以上"[2]。东北作为中国的老牌工业基地，由于资源枯竭、设备老化、产业结构单一，出现了经济发展滞后，在碳排放量方面占有一定的比重，因此，研究东北地区的碳排放构成情况具有重要的现实意义。

本节将具体分析碳排放量以及碳排放强度，数据来源于《中国能源统计年鉴》《中国统计年鉴》以及各省的统计年鉴。其中，碳排放量的测算选用联合国政府间气候变化专门委员会法（IPCC 法），根据《中国能源统计年鉴》口径，将最终能源消费种类划分为 9 类，并对应不同的转换系数。

一、碳排放量分析

（一）碳排放总量分析

1. 全国碳排放总量趋势分析

全国碳排放总量变化大致可分为两个阶段：

第一阶段为 2000—2011 年，这一时期，中国碳排放总量的平均增速达到 12.54%，这个时期的中国全面发展经济，由于生产设备以及生产技术的相对落后，导致全国碳排放量全速增长，从 2000 年的 315209 万吨增长至 2011 年的 1027588 万吨。可以说，这一阶段的经济增长在很大程度上是以牺牲环境换来的。

第二阶段为 2012 年以后，随着我国经济社会的进一步发展，国家开始

---

[1]《习近平在第七十五届联合国大会一般性辩论上的讲话》，《人民日报》2020 年 9 月 23 日，第 3 版。
[2] 习近平：《继往开来，开启全球应对气候变化新征程——在气候雄心峰会上的讲话》，《人民日报》2020 年 12 月 13 日，第 2 版。

转变经济发展模式，不再依托于不合理的能源消费和产业发展模式以换取经济增长。同时，我国引入先进的生产设备和生产技术，大力发展科技产业，开发新能源，提升能源利用率和生产效率，碳排放增速有所放缓，下降至2.23%，如图 1-1 所示。

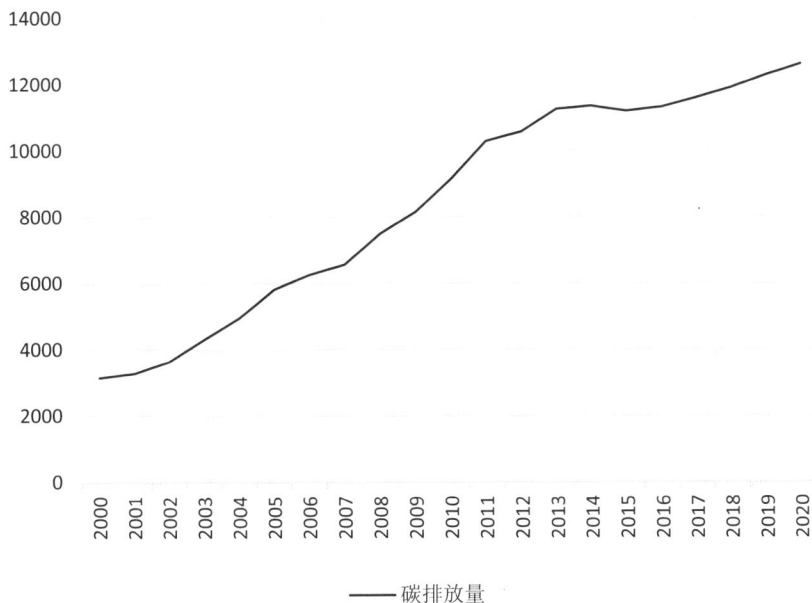

图 1-1　全国碳排放总量时序图（单位：百万吨）

2. 各地区碳排放总量趋势分析

在 2000—2020 年间，华北地区平均每年产生的碳排放量全国第二，约为208837.44 万吨，山西和河北在华北地区碳排放总量中占比超过 60%。河北是我国的工业大省，在生产过程中会有大量的二氧化碳产出；山西是我国的煤炭大省，煤炭产量居于全国首位，能源消费结构以煤炭消费为主，且能源利用率较低，导致其产生大量的碳排放。

排名第一的地区是华东地区，平均每年产生的碳排放量约为 224305.38 万吨，山东和江苏在该地区的碳排放总量占比超过 45%。山东常住人口数量位于全国第二，能源消耗多，且山东产业结构以煤炭消费为主，导致碳排放量进一步上升；江苏的第二产业占比较高，工业生产用电和交通运输造成的能源消耗增加，直接导致了碳排放量的上升。

排名靠后的是西北地区，平均每年产生的碳排放量约为92832.39万吨。西北地区的省份地理位置特殊，自然资源丰富且人口数量较少，经济发展主要依靠农业生产，因此，该地区的碳排放量也相对较少。

东北地区碳排放量增速较慢，在全国七个地区中大致由排名第三变为排名第五，表明碳减排成效较好，见表1-1。

表1-1　2000—2020年各地区碳排放总量

（单位：万吨）

年份	华北地区	东北地区	华东地区	华中地区	华南地区	西南地区	西北地区
2000	58716	55846	85499	39570	23441	27942	24197
2001	60597	53799	95697	41793	23534	27635	25357
2002	76305	56345	104555	44866	24132	30351	27326
2003	89679	60804	122567	55431	28360	39677	34319
2004	105513	67272	145017	60593	32732	41733	41794
2005	113693	77278	172924	76871	35027	50135	54943
2006	117263	81284	190674	83818	40586	55989	55310
2007	119149	79504	198577	91513	45128	59622	62800
2008	169838	86634	215421	85670	48825	69987	72204
2009	177151	93335	229533	103383	54238	80004	77696
2010	201703	107190	247514	121863	62425	84496	88284
2011	237396	117038	268443	139029	72767	88758	104157
2012	252474	120191	274410	127902	73379	92175	115946
2013	317825	113063	274303	127585	73483	92182	125923
2014	321550	110613	278719	123079	74300	94490	130652
2015	308617	106903	285682	121086	73653	89900	132246
2016	300760	108850	288457	123300	75160	92521	141349
2017	303058	108549	293480	127953	78780	92521	153901

续表

年份	华北地区	东北地区	华东地区	华中地区	华南地区	西南地区	西北地区
2018	331323	109332	306470	118280	83048	87604	152478
2019	347401	116693	313487	117460	84498	86357	161352
2020	375574	116741	318984	111782	86164	83805	167247

（二）人均碳排放量分析

1. 全国人均碳排放量

图 1-2 展示了全国人均碳排放量，其整体变化情况与图 1-1 基本一致。2000 年全国人均碳排放量约为 2.49 吨 / 人，2020 年全国人均碳排放量约为 8.92 吨 / 人，20 年间增长了 3.58 倍，其中，2012 年仍作为一个转折点，2012 年以前人均碳排放量增长速度较快，2012 年以后人均碳排放量增速放缓。

（单位：吨）

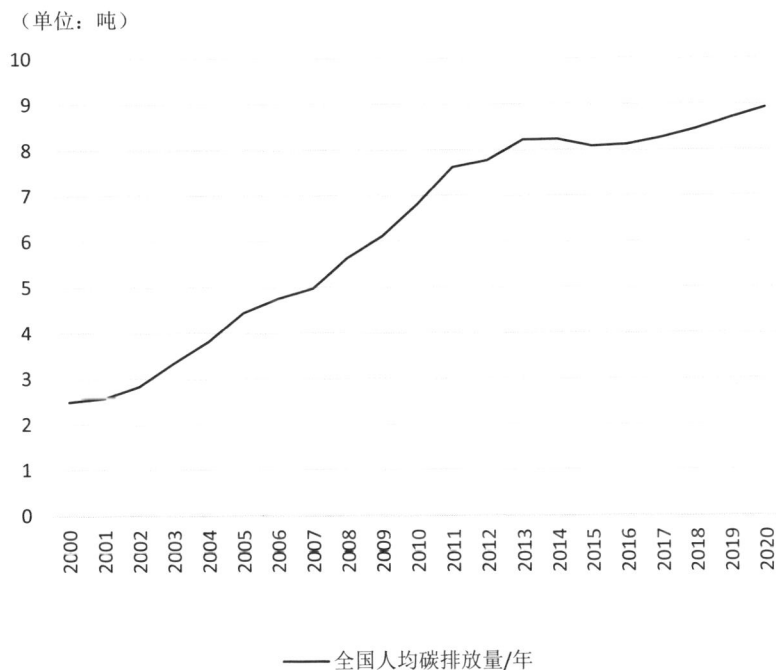

—— 全国人均碳排放量/年

图 1-2　全国人均碳排放量时序图（单位：吨）

数据来源：世界银行。

2.各省人均碳排放量

2000年，华南地区的人均碳排放量较低，作为当时全国经济最发达的地区，且人口相对较少，在生产技术水平较差的年代，要支持上海的经济发展，人均能源消耗必然位居前列。而华北地区人口不多但工业生产量大导致人均碳排放量较高。

东北地区拥有丰富的自然资源，能源产业是其支柱产业之一，然而其能源生产效率与能源利用率不高，且地广人稀，科技水平落后，算到人均的碳排放量会更高。见表1-2。

表1-2　2000—2020年各地区人均碳排放量

（单位：吨／人）

年份	华北地区	东北地区	华东地区	华中地区	华南地区	西南地区	西北地区
2000	4.78	5.23	2.66	1.53	1.65	1.46	2.67
2001	4.90	5.03	2.96	1.61	1.64	1.45	2.77
2002	6.12	5.26	3.21	1.72	1.67	1.59	2.97
2003	7.15	5.67	3.73	2.11	1.94	2.06	3.71
2004	8.33	6.26	4.37	2.30	2.21	2.17	4.49
2005	8.89	7.18	5.18	2.99	2.39	2.61	5.85
2006	9.06	7.51	5.66	3.25	2.71	2.92	5.85
2007	9.08	7.33	5.83	3.55	2.95	3.12	6.60
2008	12.72	7.97	6.28	3.31	3.14	3.66	7.54
2009	13.07	8.56	6.64	3.97	3.42	4.18	8.07
2010	14.38	9.78	7.10	4.66	3.92	4.44	9.12

续表

年份	华北地区	东北地区	华东地区	华中地区	华南地区	西南地区	西北地区
2011	16.77	10.75	7.59	5.29	4.46	4.63	10.67
2012	17.70	11.13	7.68	4.85	4.41	4.78	11.81
2013	22.14	10.57	7.61	4.82	4.34	4.75	12.77
2014	22.25	10.43	7.66	4.64	4.32	4.84	13.15
2015	21.30	10.20	7.80	4.54	4.22	4.58	13.20
2016	20.70	10.51	7.81	4.60	4.24	4.67	14.00
2017	20.87	10.60	7.89	4.76	4.37	4.64	15.09
2018	22.85	10.82	8.18	4.39	4.54	4.38	14.86
2019	23.93	11.69	8.32	4.35	4.58	4.30	15.64
2020	25.85	11.88	8.42	4.16	4.62	4.16	16.14

（三）东北地区碳排放量分析

1. 东北地区碳排放量的基本情况

东北三省内，辽宁省的碳排放总量最高，其次是黑龙江，最后是吉林，在大多数年份辽宁一个省的碳排放总量已超过吉林与黑龙江两省之和。观察三个省的整体变化趋势可以发现，2000—2012年，三省的碳排放总量呈直线型增长，2013—2020年碳排放增速放缓，但辽宁省在2017年之后又出现高增长势头。2012年，东三省贯彻落实《国务院印发"十二五"节能减排综合性工作方案的通知》，加大产业结构调整力度，坚决淘汰落后产能，加强重点耗能企业节能管理，控制高耗能、高污染行业增长，促进资源综合利用，减排措施卓有成效。如图1-3所示。

（单位：百万吨）

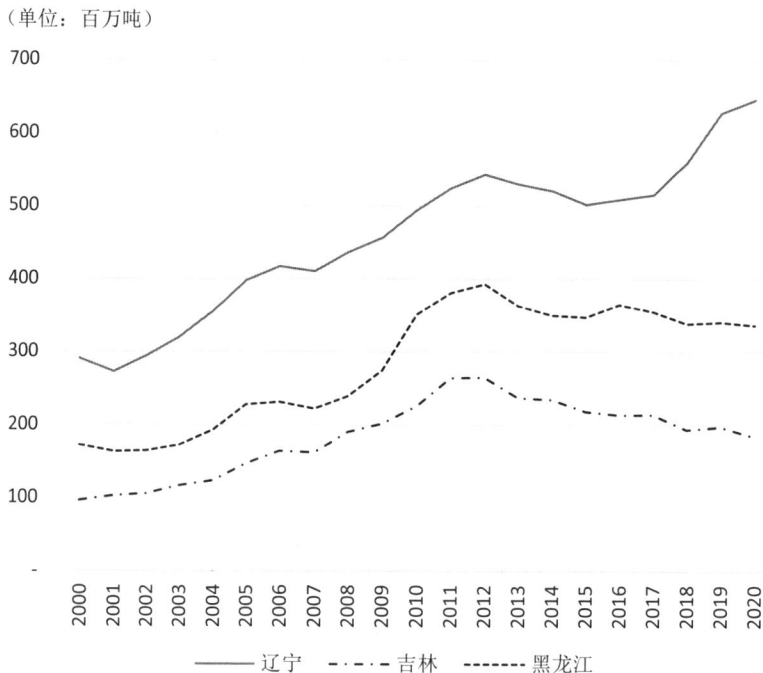

图1-3 东北地区碳排放总量时序图

2. 东北地区与全国平均碳排放总量的对比

东北地区早期的经济发展依赖于工业生产，但工业生产所产生的二氧化碳相比于其他产业更高，因此，东北在早期的平均碳排放总量略高于全国的平均水平。自2012年起，东北地区开始高度重视减排政策的实施，取得了一定的成效，具体表现为2012年起东北地区平均碳排放总量首次出现"负增长"，且在2015年达到最低水平。直至2020年，东北地区的平均碳排放量远低于全国平均水平。如图1-4所示。

（单位：百万吨）

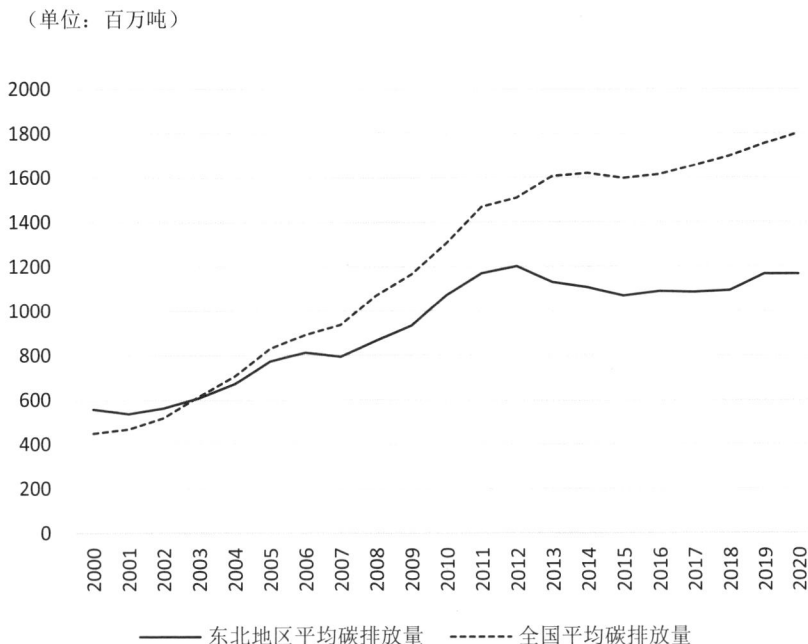

图1-4　东北地区与全国平均碳排放量的对比时序图

二、碳排放强度分析

（一）东北地区碳排放强度的基本情况

整体来看，东三省的碳排放强度呈下降趋势，且在2015年以前下降程度较大，2015年之后有小幅度回升。具体来看，辽宁省的碳排放强度在东三省中位列第一，其次为黑龙江省，最后为吉林省。辽宁省依靠工业生产以及进出口获取经济效益，而黑龙江省、吉林省则依靠农业生产获取经济效益，在一定程度上，辽宁省的经济增长位于东三省的领先水平，但由于工业生产会产生大量的二氧化碳，且受制于科技水平的限制，辽宁省的碳排放量也位于东三省的首位，受这两种因素的影响，其碳排放强度也偏高。黑龙江省除农业生产外，能源储量相对吉林省更加丰富，如石油产业较为发达，因此其碳排放强度略高于吉林省。如图1-5所示。

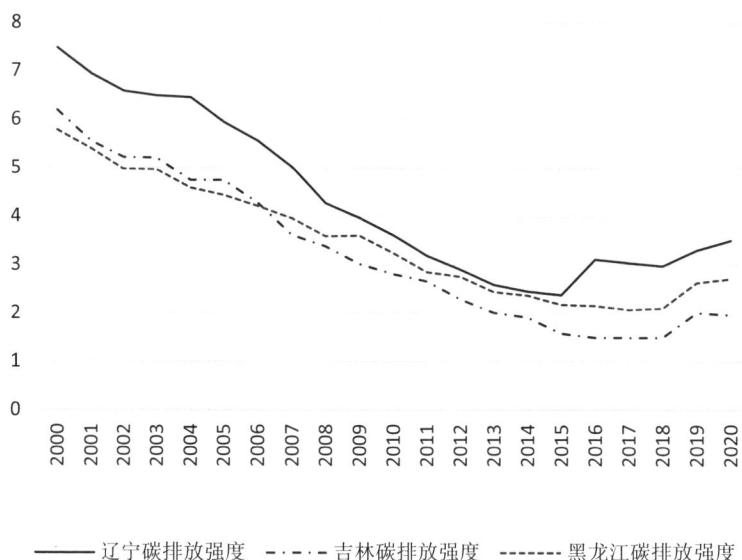

图 1-5　东北地区碳排放强度时序图

由于人口众多，以消耗能源为主要发展方式，导致华北地区和西北地区碳排放强度较高，而华南地区和华东地区由于国家政策的支持，轻工业发达，碳排放强度较低。

东北地区碳排放强度大致排名第三，与碳排放总量和人均碳排放量排名相当，有较大碳减排潜力。见表 1-3。

表 1-3　2000—2010 年各地区碳排放强度

（单位：吨 / 万元）

年份	华北地区	东北地区	华东地区	华中地区	华南地区	西南地区	西北地区
2000	8.72	6.53	3.19	3.55	2.30	5.66	7.23
2001	7.69	5.99	3.06	3.70	1.83	4.97	5.05
2002	7.75	5.64	2.96	3.67	1.42	4.98	4.85
2003	7.42	5.62	2.95	3.53	2.50	5.30	7.82
2004	6.75	5.32	2.81	3.61	2.29	5.25	6.97
2005	6.41	5.14	2.82	3.65	2.00	4.89	6.83
2006	6.60	4.75	2.64	3.48	2.07	4.72	6.49

续表

年份	华北地区	东北地区	华东地区	华中地区	华南地区	西南地区	西北地区
2007	5.30	4.26	2.42	3.19	2.40	4.19	5.94
2008	4.45	3.80	2.16	2.64	2.08	3.56	5.19
2009	4.32	3.60	2.08	2.48	2.05	3.53	5.16
2010	3.88	3.28	1.92	2.24	1.90	3.09	4.68
2011	3.63	2.96	1.75	2.08	1.84	2.68	4.62
2012	3.42	2.73	1.62	1.81	1.73	2.42	4.54
2013	3.22	2.42	1.51	1.55	1.52	2.09	4.40
2014	3.13	2.31	1.43	1.42	1.46	1.83	4.19
2015	3.30	2.11	1.38	1.27	1.40	1.55	4.10
2016	3.16	2.31	1.27	1.16	1.28	1.43	3.95
2017	3.10	2.25	1.19	1.07	1.21	1.29	3.97
2018	3.14	2.24	1.12	1.00	1.17	1.18	3.82
2019	3.39	2.71	1.05	0.88	1.12	1.03	3.86
2020	3.53	2.77	1.05	0.88	1.11	1.96	4.05

（二）东北地区与全国平均碳排放强度的对比

2000—2013年东北地区平均碳排放强度高于全国平均水平，且与全国差距逐年缩小，2013—2016年相较全国平均水平有所减少，但2016年之后东北碳排放强度反弹，又略高于全国平均水平。东北地区以工业和农业作为支柱产业，由于产能落后以及人才流失等原因，导致东北地区的平均碳排放强度较高，但随着全国环保意识的增强，"高污染""高能耗"的企业已不适应可持续发展经济的需求，东北地区关闭了一些污染较大的工业企业，碳排放量随之降低，但从地区生产总值的角度来看，东北地区的生产总值增速低于碳排放的增速，在这两种因素的综合影响下，东北地区的碳排放强度在近些年出现回弹，且一直在全国平均水平之上。如图1-6所示。

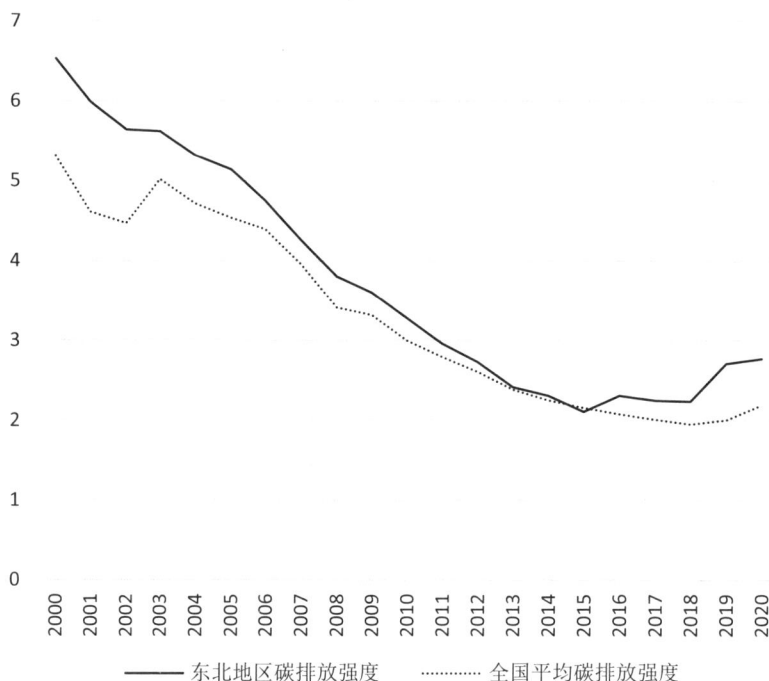

图1-6　东北地区与全国平均碳排放强度的对比时序图

第三节　碳约束的经济后果：辽宁经济和产业
竞争力的影响[①]

　　2010年国家启动低碳试点以来，碳排放强度目标、碳排放峰值目标和碳交易试点成为我国探索"自下而上"推动地区低碳转型的重要政策措施。2017年12月启动全国碳市场，初期覆盖电力行业。我国碳市场的初始条件不同于发达国家，发达国家碳排放达峰后建立碳市场，我国要在碳排放尚未达到峰值前设定配额总量，其松紧程度与未来碳排放峰值动态相关。经济社会

[①] 本节的主要内容来自李季、杨天泓.碳减排政策对辽宁经济和产业竞争力的影响——基于CGE模型的模拟分析［J］.东北财经大学学报，2019（3）：91-97.

变量与碳排放之间的关系，一方面，表现为经济社会因素变化对碳排放的影响；另一方面，表现为碳减排政策对经济社会变量特别是福利的影响。

从研究方法上看，主要包括"自上而下"经济评估模型和"自下而上"能源模型。前者是总体经济和产业部门模型，如可计算一般均衡（CGE）模型、投入产出模型等，其分析对象涵盖经济体系所有部门，优势在于能够反映能源部门与经济体系各部门间关联和反馈。后者是以某一特定部门为分析对象的局部均衡模型，如综合能源系统优化模型（MARKAL 模型）对能源部门各种生产技术及替代选择刻画相当细致，比较符合实际情况。

一、碳约束政策现状

碳约束是指政府或国际组织制定的限制温室气体排放的政策措施，目前专家学者的碳排放约束研究主要有以下成果。

从国家层面看，刘宇等（2014）研究发现碳排放达峰时间越早，对经济的冲击越大，也直接影响能源密集产业和低排放产业产出相对变化。王勇等（2017）研究发现在气候保护政策下，碳排放达峰对地区生产总值及宏观经济指标产生正向影响。

区域层面的研究主要集中在评估碳交易和碳税对区域经济和产业的影响。基于两区域 CGE 模型，Wu 等（2016）对上海、汪鹏等（2013）对广东的研究发现实施碳交易有利于减少地区生产总值损失；Qi 等（2018）模拟分析碳减排强度目标对天津产业的影响，研究发现电子、金属冶炼等是天津的优势产业；Tian 等（2017）模拟碳税对上海经济的政策效应，研究发现价格和规模效应是影响产业产出及竞争力的主要因素；吴乐英等（2016）研究发现碳税对河南城乡居民产生不同影响，碳税返还有利于缩小城乡差距。李娜等（2010）利用多区域 CGE 模型研究发现差别碳税有助于缩小区域发展差距，统一碳税反而加剧区域经济发展不平衡。基于单区域 CGE 模型，周晟吕（2015）研究发现在减排行业的劳动力再就业后，上海实施碳交易对地区生产总值的影响为正，产生双重红利效应；温丹辉和孙振清（2017）对天津的研究发现碳减排政策对地区经济和高能耗产业产生负面影响，同时促进地区产业结构调整。

综上所述，其研究结论与碳交易、碳税的覆盖范围和收入使用方式密切相关。以辽宁省为代表的东北老工业基地是我国能源消耗和碳排放总量增长较快、人均碳排放较高的省份。辽宁省低碳转型既是我国新型工业化和城镇化进程的一个缩影，也是东北老工业基地转型的典型案例。无论从发展阶段、能源消费结构还是节能减排主攻方向来看，研究和分析以辽宁省为代表的东北老工业基地低碳转型具有重要意义。

辽宁省经济以重化工业为主，尽管其碳排放量占全国的比重从 1997 年的 6.80% 下降到 2015 年的 4.90%，但产业高碳特征显著。2015 年，电力碳排放所占比重为 41.49%，黑色金属冶炼占 28.31%，交通占 7.77%，非金属矿物制品占 6.45%，城乡居民生活占 3.41%，石油、炼焦及核燃料加工占 2.83%。产业的高碳特征，是辽宁省城市化程度较高、重化工业发达特征的集中反映。从国际比较来看，2007 年，除了交通、空运、石油和煤制品等产业的碳强度略低于美国，我国多数产业特别是能源密集型产业的碳强度明显高于美国、欧盟、日本的同类产业水平。

为准确测定碳减排政策对辽宁地区经济和产业竞争力的影响，本部分将基于单区域 CGE 模型运用情景分析和定量分析方法，从碳排放达峰和碳强度减排目标两个方面模拟评估碳减排政策对辽宁经济和产业竞争力的影响。

二、模型结构与情景设计

（一）模型结构

CGE 模型以瓦尔拉斯一般均衡理论为框架，以投入产出表为基础，通过价格内生求解模拟和预测经济体系受到外生冲击，市场重新恢复均衡后，所反映的均衡价格和数量等经济变量变化，主要用于评估政策产生的经济影响和效应。本书构建包括生产模块、政府模块、居民模块、贸易模块的 CGE 模型。生产模块分为电力和非电力部门，使用资本、能源、劳动和中间投入品作为生产要素，采用四层套嵌的 CES 生产函数来描述。政府模块描述政策部门的收入来源于税收，并用于消费，在预算约束下实现支出效用最大化。居民模块描述居民在预算约束下在消费和闲暇之间权衡，以实现效用最大化，其效用函数由消费和闲暇构成，采用多层套嵌的 CES 生产函数来描述。首先对能源消费品、非能源资产分别采用柯布道格拉斯函数复合，之后采用常替代弹性 CES 生产函数把二者合成为消费，并与闲暇按照替代弹性 CES 函数合成为效用。贸易模块描述商品的调入、调出和贸易之间的关系，服从 Amington 假设，采用 CES 生产函数来描述。

在 Paltsev 的框架基础上，本书扩展 Ramsey 模型，做如下假定：无论基期还是终期在投资增长率等于产出增长率条件下，经济始终处于稳态均衡增长路径，符合均衡增长动态的要求。居民追求终生效用函数的贴现值最大化，劳动和资本的规模收益不变生产函数，总产出由投资和消费构成，资本等于资本存量贴现值与投资之和：

$$\max_{c_t} \sum_{t=0}^{\infty} \left(\frac{1}{1+\rho} \right)^t u(C_t) \tag{1.1}$$

满足如下条件： $\qquad Y_t = f(K_t, L_t) \tag{1.2}$

$$I_t = Y_t - C_t \tag{1.3}$$

$$K_{t+1} = I_t + (1-\delta) K_t \tag{1.4}$$

$$L_t = (1+n)^t L_0 \tag{1.5}$$

其中，ρ 为贴现率时间偏好率，Y_t 为产出，C_t 为消费，I_t 为投资，K_t 为资本，L_t 为劳动，δ 为折旧率，n 为劳动增长率。在不变规模回报和完全竞争条件下，价格等于边际成本，最优条件可以表达为：

$$P_t = \left(\frac{1}{1+\rho}\right)^t \frac{\partial u(C_t)}{\partial C_t} \quad (1.6)$$

$$PK_t = (1-\delta)PK_{t+1} + \frac{\partial f(K_t, L_t)}{\partial K_t} = (1-\delta)PK_{t+1} + P_t RK_t \quad (1.7)$$

$$P_t = PK_{t+1} \quad (1.8)$$

$$PK_t = \sum_{j=0}^{\infty} (1-\delta)^j P_{t+j} RK_{t+j} \quad (1.9)$$

其中，P_t 为产出价格，PK_t 为资本价格，RK_t 为资本边际收益率。

上述最优化问题转化为互补问题，零利润条件为：

$$c(RK_t, W_t) \geqslant P_t, \ Y_t \geqslant 0, \ Y_t c(RK_t, W_t) - P_t = 0 \quad (1.10)$$

$$P_t \geqslant PK_{t+1}, \ I_t \geqslant 0, \ I_t P_t - PK_{t+1} = 0 \quad (1.11)$$

$$PK_t \geqslant (1-\delta)PK_{t+1} + RK_t, \ K_t \geqslant 0, \ K_t \left[PK_t - RK_t - (1-\delta)PK_{t+1}\right] = 0 \quad (1.12)$$

市场出清条件为：

$$Y_t \geqslant D_t + I_t, \ P_t \geqslant 0, \ P_t(Y_t - D_t + I_t) = 0 \quad (1.13)$$

$$K_t \geqslant Y_t \frac{\partial c(RK_t, W_t)}{\partial RK_t}, \ RK_t \geqslant 0, \ RK_t K_t - Y_t \frac{\partial c(RK_t, W_t)}{\partial RK_t} = 0 \quad (1.14)$$

$$L_t \geqslant Y_t \frac{\partial c(RK_t, W_t)}{\partial W_t}, \ W_t \geqslant 0, \ W_t L_t - Y_t \frac{\partial c(RK_t, W_t)}{\partial W_t} = 0 \quad (1.15)$$

收支平衡条件为：

$$M = PK_0 K_0 + \sum_{t=0}^{\infty} W_t L_t, \, M \geqslant 0 \tag{1.16}$$

其中，$c(RK_t, W_t)$ 为单位生产成本，W_t 为工资，M 为收入。

为了求解动态模型，参考 Paltsev，假定模型在基期处于稳态路径，并始终向均衡路径收敛，满足如下条件：

$$PK_{t+1} = P_t \tag{1.17}$$

$$P_{t-1} = 1 + r P_t = 1 - \delta P_t + RK_t \tag{1.18}$$

$$(n+\delta) K_t = I_t$$

$$RK_t K_t = VK_t \tag{1.19}$$

其中，VK_t 为资本利得，r 为利率。基期的投资为：

$$I_0 = \frac{(n+\delta) VK_0}{r+\delta} \tag{1.20}$$

终期投资增长率等于产出增长率，满足如下条件：

$$\frac{I_T}{I_{T-1}} = \frac{Y_T}{Y_{T-1}} \tag{1.21}$$

（二）情景设计

构建单区域 CGE 模型，结合辽宁省中长期经济社会发展规划，考虑地区生产总值增速、能源结构与利用效率和碳减排政策等因素，模拟分析不同情景下碳排放达峰的政策效应及碳减排政策对产业和经济的影响。我国在与美国政府联合发表的《气候变化联合声明》中做出承诺："中国计划 2030 年左右二氧化碳排放达到峰值且将努力早日达峰，并计划到 2030 年非化石能源占一次能源消费比重提高到 20% 左右。"研究设计共分四种情景：基准情景、2025 年情景、2030 年情景和 2035 年情景，后三种情景为碳排放达峰的政策情景。基准情景是给定辽宁省人口、能源技术进步水平和经济增长率等外生变量值，不考虑碳减排政策实施情况下，对未来碳排放量的预测。在基准情景基础上，结合辽宁省"十三五"经济社会发展规划，进一步强化节能减排措施，从 2017 年起实施碳排放总量控制，设定 2025 年情景、2030 年情景、2035 年情景的年均能源效率依次为 3.5%、3%、2.5%，碳减排率为 2.5%、2%、1.5%。同时，我国碳市场于 2017 年启动，为了分析碳价的减排效应和经济影响，研究利用 CGE 模型模拟工业部门纳入碳交易后产生的减排效果。

我国碳强度减排目标是 2030 年碳强度下降 60%—65%。为了显示不同碳强度减排目标下辽宁省主要产业的比较优势，研究设计基准情景下辽宁省碳强度减排目标与国家减排目标相同，即 2030 年碳强度下降 65%；情景 2 为同期辽宁省碳强度下降 60%，这意味着辽宁省具有低于全国的减排成本优势；情景 3 为辽宁省碳强度目标下降 70%。设计情景的目的是模拟辽宁省碳强度减排目标高于或低于国家减排目标 5% 对各产业产出的影响，以此评估不同强度减排目标下辽宁省产业的竞争力。

三、碳约束影响

（一）经济影响

不同碳排放达峰情景对辽宁宏观经济的影响如表 1–4 所示。碳减排政策对辽宁经济产生负面效应，主要宏观经济指标都出现不同程度下降。相对于基准情景，2025 年、2030 年、2035 年地区生产总值累计下降 6.88%、4.39%、1.89%。碳排放达峰时间越早，对经济的冲击越大，使减排成本大幅度提高。碳减排政策提高了辽宁能源密集型产业的生产成本和产品价格，其效应通过价格传导机制改变相对价格，在抑制本地产品的内部需求的同时，也使外部需求（包括国内其他地区）出口减少，导致产出下降，投资和消费需求萎缩，进口（包括从其他地区调入）下滑。从宏观经济指标看，投资下降幅度大于消费，消费构成中政府消费下降幅度大于居民消费，这些变化显示碳减排政策有利于改变辽宁经济对投资和政府消费的过度依赖，促进经济结构调整。

表1-4 不同碳排放达峰情景对辽宁宏观经济的影响

（单位：%）

年份	地区生产总值	投资	居民消费	政府消费	进口	出口
2025	−6.88	−11.86	−3.07	−8.69	−8.79	−10.03
2030	−4.39	−8.55	−0.85	−6.13	−6.26	−5.45
2035	−1.89	−4.07	−0.03	−2.89	−2.64	−2.29

（二）碳价

碳减排目标从强度向总量控制过渡，有利于发挥峰值目标的导向和倒逼作用，特别是碳价在资源配置中的基础地位。给定碳减排目标，使碳排放权具有稀缺性，从而内生出碳排放权的影子价格，也就是碳价。碳价变化与减排目标设定的松紧程度和减排路径相关，减排目标越高、达峰时间越早，碳排放权的相对稀缺性越明显，碳价上升越快。不同达峰情景下的碳价如图1-7所示，在四种情景下，碳价的初始值和增长趋势不同，但普遍呈上升趋势。基准情景下，碳价从2017年的8.93元/吨上升到2035年的135.62元/吨；2035年三种政策情景下的碳价分别为277.43元/吨、404.91元/吨、442.97元吨；2030年三种政策情景下的碳价分别为175.15元/吨、238.87元/吨、267.61元/吨；2025年三种政策情景下的碳价分别为95.16元/吨、118.39元/吨、139.32元/吨。当碳价低于企业减排成本时，企业大量购买配额，通过碳交易来实现减排目标，随着碳价上升，碳价政策的减排激励效应逐渐显现，一方面刺激清洁能源的需求，形成对化石能源的替代效应；另一方面对低碳技术创新和扩散产生足够的激励，促使企业加快应用节能技术挖掘减排潜力。随着政策减排力度增强，碳价的减排贡献率上升，2023年起碳价达到100元/吨。2025年情景反映出我国碳市场加快发展，成为重要的碳减排政策工具。过高的碳价尽管从碳减排经济性及对经济的冲击来看并不理想，但从减排效果看，有利于深度减排，也促使企业加快低碳技术创新。另外，碳价高低与地区生产总值损失呈正相关，2025—2035 年累计地区生产总值损失量为 1107 亿—3867 亿元。

（单位：元/吨）

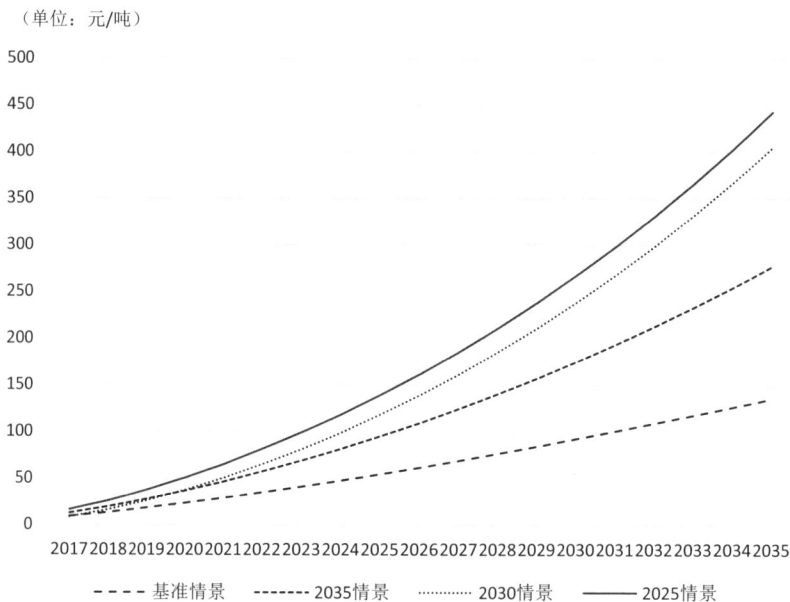

图 1-7　不同达峰情景下的碳价

（三）碳排放达峰对各产业产出的影响

碳减排政策造成高能耗高排放产业的产品成本和价格上涨，通过产业间投入产出关联和要素替代，使各产业的产出出现不同程度下降，结果如表 1-5 所示。由表 1-5 可知，煤炭、电力、炼焦、石油加工、钢铁、金属及非金属矿、石油天然气开采等产业由于要素投入中化石燃料比重较高，受碳减排政策影响，其产出下降幅度较大，煤炭、炼焦等成本上升，通过上下游产业关联价格机制传导给下游电力、钢铁等产业，影响其产出。地区投资和消费需求萎缩也带动建筑业的产出大幅下滑。化工、有色金属、机械制造、电子、其他制造、运输设备、造纸印刷、纺织及服务业等产业的产出下降幅度较小，除了这些产业减排成本较低，主要是由于外部需求产生的规模效应起到了支撑作用。农林牧渔、食品加工等产业的产出有所增加。模型数据显示，运输设备、电子等产业的外部需求占到产业产出的 45% 和 85% 以上，这反映了辽宁这些产业在国内具有比较优势，未来发展潜力较大。

表1-5 不同达峰情景产业产出变化（相对于2035年累积变化）

（单位：%）

产业	2025年	2030年	2035年
农林牧渔	-1.38	-0.39	0.01
煤炭	-36.39	-24.15	-11.27
石油	-9.87	-5.93	-2.40
金属和非金属矿	-13.83	-9.97	-4.65
食品加工	-1.30	-0.17	0.16
纺织	-2.52	-0.90	-0.14
造纸印刷	-6.57	-4.35	-1.93
石油加工	-15.36	-8.75	-3.47
炼焦	-18.98	-11.67	-4.79
化工	-7.40	-4.53	-1.87
非金属制造	-17.74	-12.85	-6.09
钢铁	-14.27	-9.89	-4.51
有色金属	-8.97	-6.26	-2.89
机械制造	-7.91	-5.67	-2.69
运输设备	-6.29	-4.02	-1.74
电子	-6.92	-4.55	-1.99
其他制造	-7.52	-5.06	-2.23
电力	-25.66	-15.09	-5.93
建筑	-19.92	-14.85	-7.19
服务业	-6.14	-3.83	-1.58

（四）碳强度减排目标对产业竞争力的影响

各地区由于经济发展水平、资源禀赋、产业结构差异，一般说来，一个地区无论碳强度还是碳减排目标或征收碳税高于其他地区，都会推高生产成本和产品价格，进而对其产业竞争力产生负面影响，反之亦然。不同碳强度减排情景对各产业产出变化的影响不同，从各情景下产出相对于基准情景的变化来看，农林牧渔、机械制造、运输设备、电子、其他制造等产业产出增长幅度大于下降幅度，反映碳强度减排目标下这些产业具有竞争力，以运输设备为例，辽宁以华晨宝马、华晨金杯为代表的汽车制造业已经形成产业集群和规模效应；而煤炭、石油天然气开采、食品加工、纺织、造纸印刷、炼焦、化工、非金属制造、钢铁、有色金属、电力、建筑、服务业等产业的产出增长幅度小于下降幅度，反映在碳强度减排目标下这些产业竞争力处于劣势，以钢铁产业为例，辽宁粗钢产量约占全国的 7.5%，随着碳强度减排目标加强，其产出将受到压缩。如图 1-8 所示。

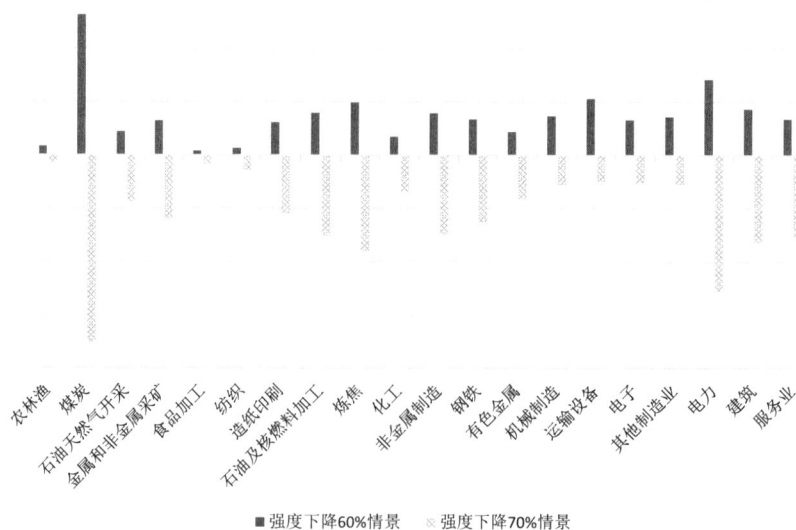

■ 强度下降60%情景   ░ 强度下降70%情景

图 1-8 碳强度下降 60%、70% 相对于下降 65% 情景对各部门产出变化的影响

四、结论和政策建议

本部分建立 CGE 模型模拟分析辽宁碳减排情景的政策效应，研究发现辽宁碳排放提前达峰造成地区生产总值损失，对产业特别是能源密集型产业的冲击较大，但有利于地区经济结构调整，矫正地区生产总值中投资和消费的比重失衡，促使产业结构向低碳转型，无论碳排放达峰还是碳强度减排目标在挤压高能耗产业过剩产能的同时，进一步增强了运输设备、电子、农林牧渔等产业的比较优势。

应对碳减排政策产生的持久冲击，要把碳排放达峰目标作为应对气候变化、减灾和可持续发展政策框架的重要组成部分，纳入辽宁生态文明建设和绿色低碳发展实践，把握经济新常态下速度变化、结构优化、动能转化带来的转型契机，促进经济发展从主要依赖物质资源消耗向主要依靠技术创新、人力资源开发转变，引导资源优化配置、生态环境成本内部化、绿色环保产业发展，形成节能减排、治理大气污染、保护人体健康等协同效应。

因此，提出如下政策建议：

第一，深度挖掘优化能源效率和结构实现减排目标的潜力，在稳增长和促减排目标之间寻求平衡。从国际看，高能耗、高排放产业的研发投入占其销售收入的比重普遍偏低，提升工业行业能效标准，刺激这些产业部门拓展技术创新前沿，要完善政策组合，鼓励高能耗、高排放产业主动收缩产能，加快淘汰和化解煤电过剩产能，通过提高研发资金投入、促进节能关键技术进步，提高煤炭等化石能源清洁生产、高效利用水平，实施燃煤机组超低排放与节能改造，推广超临界（USC）燃煤发电机组技术、整体煤气化联合循环（IGCC）等高效燃煤发电技术，提高供热和发电、供电效率，开展火电企业单位供电二氧化碳绩效评价及对标行动，进一步挖掘电力节能减排潜力。

第二，促进供给结构优化。以先进制造技术、信息技术改造优势传统产业，提高制造业的资源能源效率，加快发展节能环保、新一代信息技术、机器人、智能装备、新能源、新材料、新能源汽车、集成电路、储能、海洋工程装备等战略性新兴产业和高端制造业，促进构建绿色制造体系。为了减缓碳减排对经济的冲击，建立碳交易收入返还机制，把资金和资源向具有比较优势、附加值高的产业倾斜，特别是进一步提高运输设备、电子等产业竞争力，使战略性新兴产业成为辽宁经济发展的新动能。以自由贸易区建设带动服务业对外开放，发展面向生产、消费和民生的服务经济，特别是信息服务、会展、文化创意、航运、金融保险、物流、商务等服务业，推动沈阳、大连区域金融中心建设，鼓励社会资本投入养老、健康、旅游、文化等服务消费领域，使服务业占地区生产总值的比重显著提高。

第三，发挥碳市场在节能减排中的基础作用。适应全国碳市场建设要求，加强碳排放监测、报告与核查，支持计划纳入碳市场的重点行业，引导企业开展配额管理、碳资产管理、碳交易会计处理能力建设，形成与经济动态相适应的碳价机制。明确碳市场的主要构成要素：总量设定、覆盖范围、配额分配和动态调节、抵消机制设计、价格调控机制、监测报告核查、履约机制、市场监管、交易机构、第三方机构、履约企业等。建立碳排放权配额分配、管理、履约机制，完成电力产业配额分配方案，以及石油天然气、钢铁、建材、化工、纺织、造纸印刷等产业年能耗万吨标准煤以上企业配额分配方案研究和编制。建立健全碳市场监管制度，对纳入企业、核查机构、交易机构等实施有效监管，确保数据核查、配额分配、重点排放单位履约等公开透明，维护碳市场规范有序运行。

第四，支持区域性碳金融市场发展。创新碳金融产品与服务，支持金融机构发行碳基金、碳债券等投融资产品，开展碳租赁、碳资产证券化等创新业务，探索碳指数开发及应用；鼓励金融机构开展各类基于碳排放权资产的抵质押、回购业务，对碳排放权融资项目进行贴息鼓励；完善碳金融增信担保机制，探索碳市场增信担保方式创新，支持社会资本发起设立专业化碳市场融资担保机构。中国与日本、韩国三国碳排放量占全球的 30%，未来中国碳市场与韩国碳市场、日本东京都和埼玉的碳市场连接，符合《巴黎协议》的基本规则，不仅可以充分利用三国产业分工互补性优势，进一步深化经济贸易联系，也有利于扩大碳交易规模、减缓碳价波动，形成东北亚碳价机制。探索碳期货、气候衍生品等期货产品创新，推进大连商品期货交易所向东北亚碳期货交易中心发展。发挥大连商品期货交易所在专业服务能力、市场基础设施、交易结算系统等方面的优势，开发碳期货、气候衍生品等期货产品，推动辽宁自贸区金融创新，争取我国在国际碳交易中的定价权，也为建设东北亚碳市场奠定基础。

第五，建立碳排放强度和总量双控制度。适应国家《生态文明体制改革总体方案》提出建立碳排放总量控制制度的要求，建立辽宁碳排放强度和总量双控制度及分解落实机制，为实现碳排放达峰目标提供重要支撑。把碳排放总量作为经济社会发展重要约束性指标纳入地区发展指标体系，建立指标分解落实、评价考核和责任制度，研究设定辽宁建筑、电力、钢铁、化工等产业碳排放总量控制指标，将碳排放控制目标分解落实到各地区和重点企业。在峰值目标分领域落实的同时，还要率先探索不同行政区内实现差异化达峰的创新机制；探索建立重大建设项目碳排放评价制度，严格控制重大投资项目碳排放总量；在省内部分地区先行先试碳排放权行政许可制度，将碳排放总量控制、碳排放权许可、项目碳排放评价作为地方立法新方向，纳入辽宁生态文明制度建设，实现地方先行先试和顶层制度设计有机结合，逐步形成以碳排放强度和总量双控为核心的温室气体排放管理体系，使碳排放控制与辽宁推进产业结构调整、能源革命与生态文明建设协同并进。

第六，促进能源供应多元化和能源系统集成。积极发展非化石能源，扩大核能、风能、太阳能、生物质能、地热等在新城镇、新农村能源供应中的应用，提高清洁能源在一次能源消费中的比重。推进能源综合利用系统的集成创新。加快锅炉系统、供热和制冷系统、电机系统、照明系统等优化升级，促进智能电网、储能设施、分布式能源、智能用电终端协同发展，实施能源生产和利用设施智能化改造，使能源系统从生产、转换、输送的条块管理向终端用户需求导向的智能化管理转变，形成以分布式能源为核心的能源管理系统。开展储能示范工程建设，推动储能系统与新能源、电力系统协调优化运行。加快智能电网发展，提高电网与发电侧、需求侧交互响应能力。支持节能服务体系发展，加快推进合同能源管理、能效标识管理和节能产品认证管理，建立可再生能源电力证书自愿交易市场、强制性可再生能源电力配额和绿色证书交易市场，完善市场化绿色证书价格形成机制。

第二章

国家间碳排放责任之争：方案原理与演进

第一节 "直线"思维催生的"简单"方案：
生产者责任原则

一、碳排放责任界定之争

2015 年 11 月 30 日至 12 月 11 日，《联合国气候变化框架公约》第 21 次缔约方会议（COP21）在巴黎召开。本次气候大会前，经济合作与发展组织和国际能源署共同发布的关于国家自主贡献（Intended Nationally Determined Contributions，INDC）预案的报告指出，目前其涵盖的 146 个公约缔约方（包括公约内的所有发达国家和世界 3/4 的发展中国家）的自主贡献，已使得 2010 年至 2030 年的碳排放增长比 1990 年至 2010 年减少约 1/3，并且到 2030 年全球碳排放预计可减少 40 亿到 60 亿吨，全球碳减排已成为各国的普遍共识。

尽管碳减排已成为各国共同的目标，但气候谈判各方的分歧有增无减，谈判的成果不容乐观，其背后的根本原因是各国对国家碳排放责任的界定存在巨大争议，在还未达到全球统一的气候政策的背景下，只有少部分国家参与的碳减排只会造成气候政策的无效率。有效的全球碳排放政策需要全球的参与，而这只有建立在对发达国家和发展中国家来说都公平的碳排放责任划分的基础上，才可能被世界各国广泛接受。很多国际组织都在考虑"后京都时代"的国际气候变化政策框架，其中一项标准就是排放责任的分配：是基于生产者责任还是消费者责任在国际社会一直都没有达成一致意见。如何合理界定各国排放责任、制定公平的减排义务分担体系，既保障发展中国家的发展权，又能够达成使得多数国家积极参与，仍是包括中国在内的发展中国家和整个国际社会所关注的焦点。

在国际气候变化谈判中，各国围绕减排责任和减排义务不断论证。例如，我国在气候谈判中一直坚持三个论点：一是限制排放将会阻碍中国经济的发展；二是中国的人均排放量很低，根据国家能源署（IEA）估计，2007 年中国的人均排放是 4.75 吨，是经济合作与发展组织（OECD）国家人均排放的 1/4；三是中国的历史排放量低，1900—2006 年中国的历史累计排放只占全球累计排放的 8.92%。其他各国也都根据自身的利益考量提出了多种碳排放责任分配建议：巴西提出需要考虑历史排放，强调发展中国家应优先脱离贫困，保证发展，这对国际排放责任的分担具有重要意义。

其实在减排责任和减排义务的谈判中，还有一个更基础的问题：碳排放的责任到底应该由谁来承担。如果一个国家生产的产品完全由自身使用，那么该国生产过程中的碳排放责任将毫无疑义地由该国承担。但问题是在现实的国际环境中，"自产自用"的经济模式几乎不存在，各国之间广泛地存在着国际贸易，那么就会出现国际贸易商品中包含的碳排放的责任分配问题，这就是贸易隐含碳。"隐含碳"（Embodied Carbon Emissions）的概念来源于 1974 年国际高级研究机构联合会（IFIAS）能源分析工作会议上提出的"隐含能"（Embodied Energy），《联合国气候变化框架公约》将"隐含碳"定义为"商品从原料的取得、制造加工、运输，到成为消费者手中所购买的产品这段过程中直接或者间接排放的二氧化碳"。

对隐含碳研究的关注来源于人类对气候变化的担忧、国际贸易的发展和国际间利益、政治的博弈。一方面，随着国际贸易的发展，生产和消费分离的程度不断加深，隐含碳的规模越来越大。据测算2004年全球贸易隐含碳总量占当年全球碳排放总量的26.15%（丛晓男，2013）。另一方面，随着国际气候大会的协议和框架的约束性正在提高。国际气候大会已成为全球应对气候变化减少碳排放的"竞技场"。由于世界各国在减排目标上存在分歧，加上地缘政治因素影响，使得国际间利益、政治博弈更加激烈。一方面是在发达国家与发展中国家之间如何平衡发展与减排之间发生矛盾；另一面则是发达国家利用自身优势进行单边行动可能导致其他国家抵制或者不配合减排工作从而加剧冲突（丛晓男等，2013）。

可以说，贸易隐含碳及其相关问题源于人类对气候变化产生忧虑，也是全球性关注并引发了广泛讨论的问题；同时也源于近两年来人类社会所面临重大挑战——贸易不确定性日益增加（刘江峰等，2013）；同时还源于近年来在国际关系中出现了一种新趋势——从国家主权视角探讨并解决其外交政策中出现的一系列根本性问题（梁保华等，2014）；此外还因为当前一些发达国家出于地缘政治因素而采取单边行动给中国带来了巨大压力（丁荣茂等，2015）。可以说贸易隐含碳及其相关问题是一个起源于科学，发展于政治，归结于经济利益和地缘政治之间复杂而又微妙关系难题：单独地、割裂地研究碳责任分配方案在现实世界中都难以操作。

二、生产者责任原则的提出

早期，碳排放核算主要采用的是生产者责任原则。按照生产者责任原则，负责生产商品或提供服务的个人或公司，应承担治理和预防其生产过程中产生的污染和废物所带来的环境影响的责任。从生产者责任原则出发，笔者认为，生产活动是导致碳排放的直接原动力。为了生产产品和提供服务，生产者必须消耗能源，产生二氧化碳排放。在从事生产活动并从中获利时，生产者也要承担起他们所从事生产行为对环境造成负面影响的责任。

联合国政府间气候变化专门委员会将其责任边界规定为："在国家领土和该国拥有司法管辖权的地区，包括近海海区，发生的温室气体排放和消除。"即属地原则（Territorial Responsibility Principle）。根据本原则，生产国应当承担其责任边界内生产产品和服务所产生的碳排放责任，包括由生产贸易产品或服务引起的碳排放责任，多数学者将此原则也称为生产者原则。此外，国际公约也明确提出了生产者责任原则的范围："国家或地区应承担行政区域内所造成的所有碳排放责任。"（Oliveira-Martins 等，1992）。在此基础上，《京都议定书》引入了"领地原则"，即一个地区只需要对其行政区域内引发的碳排放负责，而无需考虑其产品和服务的最终消费地。

三、生产者责任原则的核算方法

目前的国际气候制度就是以生产责任原则来划分各国碳排放责任的。《联合国气候变化框架公约》和《京都议定书》均以联合国政府间气候变化专门委员会制定的《国家温室气体清单指南》（以下简称《指南》）来对一个国家的碳排放责任进行测度。而且，后京都气候谈判已有提议要么以《指南》作为划分责任的标准，要么以其作为衡量减排效果的基础。而《指南》就是按照生产责任原则的精神，规定国家清单的范围包括"在国家领土和该国拥有司法管辖权的近海海区发生的温室气体排放和消除"。丹麦认为该原则对其不公平，一度单方面根据电力进出口来调整其碳排放责任，《联合国气候变化框架公约》为维护生产责任原则，随即对该做法表示反对。

《指南》为生产责任原则提供了一套完整的计算方法。按照排放量和清除量直接来源的不同，清单分为能源、工业过程和产品使用，农林和其他土地利用，废弃物及其他等几大部门，每个部门根据具体国情又细分为类别（如交通）和亚类（如轿车）。关键类别确定后，就选择恰当的估算方法，最常用的方法是把有关人类活动发生程度的信息（活动数据）与量化单位活动的排放量或清除量的系数（排放因子）结合起来，基本的方程是：碳排放 = 活动数据（*AD*）× 排放因子（*EF*），然后收集数据、评估排放量、分析不确定性和关键类别，最后形成报告清单。

四、生产者责任原则的评价

长期以来，国际上通用"领土责任原则"来界定碳排放责任，从《联合国气候变化框架公约》到《京都议定书》，再到 2016 年生效的《巴黎协定》等都是基于"领土责任原则"的生产者责任核算污染排放的协议。

虽然以"污染者担责"为基本逻辑的核算原则更加直观且易于核算，但其在国家碳排放权分配上的缺陷也日益明显：

首先，存在碳泄漏与碳漏洞问题。与贸易隐含碳相关的另外两个概念是碳泄漏与碳漏洞，三者既相互联系，又存在区别。多个有关气候变化的国际研究报告验证了忽视核算贸易隐含碳已导致严重的碳漏洞问题。根据联合国政府间气候变化专门委员会的定义，碳泄漏指因一国（地区）采取应对气候变化的单方面行动并未导致全球碳排放减少，而是被贸易伙伴国取代，即伴随进口国（一般是碳定价国）对商品和服务的需求转移到出口国（一般是非碳定价国），出口国的生产导致出口国碳排放增加。比如，由于欧盟、澳大利亚、韩国、美国、加拿大陆续推出单边碳定价政策，碳泄漏在全球范围内呈现扩散趋势。Branger 和 Quirion（2014）将碳泄漏定义为因一个地区实施气候变化减缓措施而导致第三国温室气体排放量的增加。Jakob（2021a）分析了碳泄漏的潜在机制、经验评估、未来走势和防泄漏政策，包括免费分配排放许可证和边境碳调整。碳泄漏通常被归因于能源市场效应、贸易专业化和搭便车三个潜在机制（Jakob，2021b）。一个区域的气候政策降低了其对化石燃料的需求，从而降低了该化石燃料的世界市场价格。反过来，可以预期这种价格下降会导致其他国家消费增加，即出现"绿色悖论"。碳漏洞则源于缺乏碳排放法规制约的地区和碳排放监管日益严格的地区之间的排放差额，是由于各国的气候政策差异所造成的排放。碳泄漏是贸易隐含碳的主要诱因之一，会增加贸易隐含碳。贸易隐含碳的部分构成可视为碳泄漏的直接后果，忽视贸易隐含碳会导致碳排放核算发生扭曲和低估，产生核算中的碳漏洞。贸易隐含碳的出现和增加映射出基于生产者责任的全球和国别碳核算并不全面，存在碳漏洞。

其次，气候政策可能会提高能源价格，从而对国际贸易模式产生影响，即本国较高能源价格导致其进口更多的能源密集型产品和服务，出口国因能源价格较低而具有比较优势。国际贸易将能源密集型商品和服务生产转移到环境标准较宽松或无标准的国家，从而抵消了实施气候政策的国家所取得的部分减排成果。

再次，单边气候政策导致的其他国家排放增加涉及策略互动。博弈论分析指出，减排可能构成策略替代，即应对他国减排的最佳对策是增加自己的排放，从而给对方提供缓解气候变化公共产品的便车。所以，在国际协议达成之前，减少排放的国家将自己置于不利的谈判境地，从而导致其他协议成员国降低减排目标。由于其他国家的消极政策，先行者的一些减排成果将被抵消。因此，传统的基于"领土责任原则"的碳排放核算方案会催生严重的碳泄漏（Peters，Hertwich，2008；Peters G.P.，Minx J.C.，Weber C.L.，2011；Bastianoni S.，Pulselli F.M.，Tiezzi E.，2004）。王媛等（2011）认为，在全球化分工中"低收入国家生产、高收入国家消费"的格局使得中国等发展中国家实际上是在替发达国家排放二氧化碳，发展中国家不得不为全球低端制造环节中的"高污染、高消耗、高排放"买单。李晖（2021）构建了全球多个国家或地区的全球贸易隐含碳转移空间关联网络，研究发现中国、印度等新兴经济体通过全球价值链的嵌入参与到全球贸易隐含碳转移的布局结构中，这些经济体在国际生产中主要提供劳动力和能源资源因而具有显著的隐含碳溢出效应，而发达国家则具有显著的隐含碳特征。在发达国家与发展中国家的贸易中，发达国家能够充分利用全球供应链的贸易模式来转移碳排放负担。杜培林和王爱国（2018）对全球40个国家和地区的碳转移流量进行测算，发现在全球碳转移网络整体布局中，欧盟是全球贸易碳转移网络的"全局中心"，在世界隐含碳进出口贸易地位中最有利，而中国同时担任着"碳净出口国""碳净出口中转站""贸易伙伴局部中心"的角色，三重角色特征显著。李丹等（2018）计算了 2015 年全球含铁商品的国际贸易隐含碳情况，结果显示"进口原料、出口产品"的产业模式导致亚洲、欧洲进口的前端产品、出口的后端产品存在较高的碳排放。该结论也进一步说明，尽管以中国为代表的发展中国家在全球生产中的作用越来越重要，但发展中国家仍处于全球价值链的低端。因此在全球贸易中承担了相对较高的碳排放。

最后，美国气候工程基金会（Climate Works Foundation）发布的咨询报告《欧洲碳漏洞》（Becque 等，2017）表明，虽然欧盟因温室气体减排行动而广受赞誉，有望于 2020 年实现温室气体在 1990 年水平上减少 20% 的目标，但是如果考虑到贸易隐含碳，1995—2009 年欧盟 27 个成员国碳排放总量不仅没有降低，反而增加了 11%。各国的气候政策差异和领土排放原则不同导致欧盟和其他国家在核算碳排放规模和落实气候承诺时忽略了进口贸易隐含碳，致使排放测算中出现碳漏洞（Carbon Loophole）。全球多达 22% 的温室气体排放源自几乎没有碳排放监管的地区，最终到达欧盟等碳市场监管日益严格的地区和国家，碳漏洞规模巨大。除非堵住碳漏洞，否则全球碳排放气候目标将难以实现。全球效率信息研究院（Global Efficiency Intelligence）研究员 Hasanbeigi 和 Darwili（2022）估算，美国等发达国家在制定气候政策时所忽视的碳漏洞规模每年达 80 亿吨，等于美国本土每年碳排放量的 1.5 倍，且逐年扩大。自 1995 年以来，贸易隐含碳排放量占全球二氧化碳排放总量的比例一直保持在 20%—25%。尽管 2008 年以来贸易隐含碳排放占全球排放总量比例趋于稳定，但全球二氧化碳排放总量一直增加、贸易隐含碳排放总量也随之增加。2019 年，全球碳排放总量的 22% 隐含在进口商品中，并计入出口生产国的碳排放，进口消费国即最终用户得以逃避排放归属责任，也证实了生产者责任原则的不公平性。

综上所述，广大发展中国家为了自身的经济发展牺牲了本国资源和环境，也产生大量污染排放，但是其生产不仅满足自身的最终需求同时也满足发达国家的高能耗产品的需求，单方面地指责发展中国家的生产排放是不合理的。由于发展中国家出口商品中隐含了大量的碳排放，领土责任原则将降低发展中国家参与国际减排协议的意愿。

第二节 "公平"思想下的"理想"方案：消费者责任原则

一、消费者责任原则的提出

正是由于生产者责任原则的缺陷，各国学者提出采用消费者责任原则来核算各国的碳排放责任。消费者责任原则其实是一种"理想"方案。

生产者责任原则与消费者责任原则在理论上并无二致，因为前者站在消费需求视角，认为消费是生产的重要驱动力，多样化、不断扩张的消费需求不断地刺激厂商的生产行为，通过商品消费，消费者获得效用，间接导致碳排放的产生。因此，消费者需要对因为自身消费产生的碳排放负责。但与生产者责任原则不同之处在于：首先，该理念考虑到了经济全球化和生产分散化背景下产生的碳排放空间转移和碳泄漏等问题，减轻了资源输出国或一些以初级高碳能源产品出口为主的发展中国家自己所承担的温室气体减排义务。其次，该理念考虑到了发达国家由于历史原因对环境造成巨大压力而使其承担起环境保护义务中不合理因素部分负担。因此，促进发达国家更多地承担环境保护义务中不合理因素部分负担。

二、消费者责任原则的核算方法

Munksgaard 和 Pedersen 较早地提出用消费者原则来核算一国碳排放责任。其核算方法为：国家碳排放责任 = 国内直接碳排放 + 进口隐含碳 − 出口隐含碳。在计算中，使用投入产出分析中基于消耗系数的列昂惕夫模型。根据 Sato 的研究，用以核算的具体计算方法可以分为单区域投入产出法（Single-Region Input-Output, SRIO）、双边贸易投入产出法（Bilateral Trade Input-Output, BTIO），以及多区域投入产出法（Multi-Regional Input-Output, MRIO）。

SRIO 模型的主要假设是，在一个国家或者地区，一国或地区的消费、政府支出和投资所产生的总碳排放是相同的，并且不区分中间投入品和最终消费品。但 SRIO 模型没有考虑到来自不同国家进口产品结构和技术水平千差万别，在此基础上，也无法实现对进口产品碳排放总量进行比较分析。由于进口产品从原材料到最终成品在不同国家生产中所处的地位各不相同，所以实际生产过程中产生的碳排放与资源强度也会有所不同。因此，采用 SRIO 模型计算出一国或地区一年消费、政府支出、投资产生总碳排放量时引起误差较大。

MRIO 模型能够区分来自不同国家产品的技术水平差异，可以在模型中量化和分析不同国家不同部门的生产技术水平和产品结构差异等。BTIO 模型和 MRIO 模型的差别在于 BTIO 模型的研究重点在双边贸易，其得出的结论可以直接和贸易数据进行比较从而能得到调整双边贸易结构的信息。而 MRIO 模型的运用可以从宏观把握国家的进出口中隐含碳排放。根据 Giljum 对于投入产出模型的研究，MRIO 模型可以分为联合 MRIO 模型（Linked Single Region Models）与完全 MRIO 模型。联合 MRIO 模型由 Lenzen 等与 Peters 等发展，用以测算隐含在贸易中的碳排放，该模型利用双边贸易数据将各国独立的投入产出表联合起来，并假设本国与其他地区进行贸易，而其他地区之间并不进行贸易。Lenzen 认为运用联合 MRIO 模型未捕捉到的效应范围为 1%—4%。

Peters 等充分利用 GTAP 数据库（Global Trade Analysis Project Database）发展涵盖 113 个地区和 57 个部门的完全 MRIO 模型。完全 MRIO 模型包含了国内和各贸易国的技术矩阵，可以区分最终消费品和中间投入品，能反映某国与其贸易国的供应链并衡量反馈效应。GRAM 模型（Global Resource Accounting Model）是将投入产出表和双边贸易数据结合起来的完全 MRIO 模型，其主要目的是核算贸易品的上游所耗费的"原材料当量"（Raw Material Equivalent，RME），因此利用该模型能够同时测算贸易品中隐含物质流和二氧化碳排放。完全 MRIO 模型由于具有合理的理论基础和广泛的实用性，被认为是衡量一国或地区贸易隐含碳排放最合适的模型，但同时该模型也具有复杂性、不透明和不确定性较高等缺点。

三、消费者责任原则的评价

现有研究大多认为，消费责任原则将碳排放责任更多地划分给以发达国家为主的高消费国家，体现了公平性。Gardiner（2004）和 Caney（2009）还从道德角度论述了发达国家承担更多责任的正当性。与生产者原则相比，消费者原则具有以下几方面的优点：消费者原则下的责任分配框架一定程度上避免了碳泄漏和碳排放转移，丰富了全球气候政策措施。比如，鼓励清洁生产发展机制与国家排放清单的结合运用。相比于生产者原则，消费者原则更能鼓励发展中国家的参与，提高发展中国家和发达国家之间的国际合作水平，提高消费者的减排意识，让消费者意识到消费行为和消费选择是如何影响碳排放的。

然而，对消费责任原则也存在很多质疑。Bastianoni 等人（2004）指出，在该原则下生产者缺乏减排的直接动力，减排主要通过消费者购买低碳产品来间接鼓励生产者减排，但是如果没有足够的激励政策，消费者难以自觉承担这一责任、从而导致减排动力不足。Peters（2008）、Peters 和 Hertwich（2008）等进一步指出，即使国内采取措施从消费端来减少碳排放，这些国内措施也无法直接约束他国的出口部门，而出口产品并未在出口国消费，出口国也不会主动控制这部分碳排放。为解决这一问题，他们建议除了各国加强合作以外，还可以通过设置碳关税或边境调节措施来迫使贸易伙伴减排。但是这些贸易措施会对贸易形成限制，造成环保和贸易之间的摩擦。

　　Erickson（2012）核算和对比美国俄勒冈州的生产和消费碳排放，又发现基于消费者责任的碳排放核算方法只能补充而不能替代生产排放目录。罗胜（2016）从省际贸易隐含碳排放视角，建立生产者责任、消费者责任和技术调整的消费者责任三种原则的核算方法以及碳减排责任分摊模型，并将其应用到省域碳排放核算与责任分摊研究。结果发现，各地区在不同原则下的碳排放量存在着显著差异，生产者责任贸易隐含碳排放核算有利于东部经济发达地区，消费者责任贸易隐含碳排放核算有利于能源富集省份和经济较落后省份，技术调整的消费者责任贸易隐含碳排放核算不偏不倚，并没有显著有利于经济发达地区或经济落后地区。虽然消费者责任能缓解碳泄漏问题，但不利于鼓励出口国家或出口产业提高自身的生产技术，会导致出口国自甘落后，一直用落后生产技术进行生产，从而出现碳排放效率低、碳排放量不断增加的问题。这就会使得技术落后国家肆意排放二氧化碳，而由最终消费者来为这部分高碳排放买单，这对最终消费国是不公平的。

　　综上所述，随着碳排放责任成为气候治理领域的重点和难点，研究碳排放责任分担机制对于全球碳减排合作、提高各国（地区）碳减排效率有着重要的理论意义和现实意义。从现有研究来看，学者们对于碳排放责任的指标体系构建、研究方法和视角都十分丰富，对于生产者原则和消费者原则的责任分配讨论较为集中，但无论是生产者原则还是消费者原则都会存在单一视角的局限性，针对以上问题，各国学术研究者迫切提出共同承担责任原则，提出"共同但有区别"的责任分配体系。

第三节　"折中"的共同责任原则

一、共担责任原则的提出

2015 年 6 月，中国在提交联合国应对气候变化的国家自主贡献报告中，明确提出 2030 年碳排放达峰的目标，并争取尽早实现达峰。截至目前，全国 9 省（区、市）已经拟定了自身的碳排放达峰时间和达峰路径，但其达峰时间及路径的测算都是基于本省碳排放的生产和消费，而未考虑区域间的碳转移问题。事实上，由于生产和消费的地理分割，区域间贸易引致的碳转移不断增加，如以生产责任原则来计量区域碳排放量，对部分高碳排放的生产地不公平，且易促使区域将高碳生产部门或生产工序转移出去。如以消费责任原则来计量，对部分高碳足迹的消费地不公平，且对高碳排放的生产地缺乏有效约束。因此，以共担责任原则来界定区域碳排放责任是一种更加合理的计量方法，有利于同时控制碳排放的生产端和消费端，并促进生产者和消费者之间的减排合作。针对全球气候治理中存在的市场失灵问题，共担责任原则（Shared Responsibility）要求生产者和消费者共同分担碳排放责任。该原则意味着贸易碳排放责任不再简单地划分给出口国或进口国，而是由两者按一定比例分担。推广到具体产品，则在产业链各环节及最终消费者之间分配。Kondo 等（1998）指出共担责任原则的理论依据是"受益原则"（Benefit Principle）。受益原则主张，所有从碳排放中受益的参与者都需承担责任，从而将责任分配给碳排放背后的所有驱动因素。

二、共担责任原则的分配方法

共同承担责任原则虽然比其他两种原则在公平性上更进一步，但其难点在于分担比例的确定和公平性的量化。因此，共担责任原则需要解决的核心问题是碳排放责任如何在生产者和消费者之间分配，即分配比例问题。

目前，共担责任原则的计算方法多以 I-O 法为基础。Kondo 等（1998）提出了最基本的公式：一国的碳排放责任 $E=A+pB+(1-p)C$。其中 A 是国内消费引起的国内排放，B 是出口引起的国内排放，C 是国内消费引起的国外排放，p 为分配比例。Ferng（2003）强调分配比例应体现公平，必须反映不同国家的经济结构、消费模式和消费水平，更重要的是保证平等的人均基本需求。进一步明确了生产责任（A+B）和消费责任（A+C）的边界，生产责任包括国内生产排放和出口产品国际运输的排放，消费责任包括国内消费产品的隐含碳和住宅能源消费。即便明确了边界，这种方法在实际操作中仍然容易引起重复计算，使得各国碳排放责任之和大于全球实际碳排放量。

Bastianoni（2004）尝试建立了一种方法，先计算产品生产链各环节的直接碳排放（$A=50$，$B=30$，$C=20$），然后加总各环节上游排放（$A=50$，$B=80$，$C=100$）并汇总（$50+80+100=230$），各环节分配比例等于前者除以后者。该方法的特点是越往下游比例越大，最终消费者将承担大部分责任。其缺点是缺乏理论根据，增加或减少环节数目会引起比例变化。

Gallego 和 Lenzen（2005）充分认识到重复计算的问题，提出一个生产链层面的计算方法。他们将生产链某一环节的碳排放严格分为三个部分：由最终消费者承担的部分 $L\beta Y$、由下游环节承担的部分 $La（X-Y）$ 和由本环节承担的部分 $L（1-\beta）Y+L（1-a）（X-Y）$。其中 X、Y、$X-Y$、L 分别是总产出、最终产品、中间产品和该环节的排放系数，a、β 是下游环节的分配比例和最终消费者的分配比例。在此基础上，他们构建了一种从上游往下游在生产者和最终消费者间分配责任的计算方法。接着他们又以类似的思路，建立一种从下游往上游在生产者和最初投入提供者（工人、投资者）间分配责任的方法。

此后，针对分配比例的研究更加注重理论依据。Rodrigues 等（2006）模拟谈判的结论是生产者和消费者的责任应具有对称性即分配比例为 1/2 背后的理由是，每个参与者都同时是生产者和消费者，即使现实中存在不对称的情况，如果不假定对称，则会由于存在太多分配的可能性而无法达成一致。Lenzen 等（2007）随后提出质疑：并非所有参与者都同时是生产者和消费者；虽然不假定对称会导致过多分配的可能性，但这不足以证明对称性合理；现实中非对称性不是特例，而是常态。而且统一按照 1/2 计算，增减产业链的环节同样会引起比例变化。随后，他们提出的分配比例为增加值（V）与净产出（$X-T$）之比，这背后的逻辑是，生产链某个环节增加值越大，代表该环节对产业链的控制力和影响力越大，承担的责任也应该越大。这种方法计算的比例具有不变性，即增减产业环节不会引起比例变化。不过，Rodrigues 等（2008）随后证明这种不变性仅仅在特定条件下才存在。

三、共担责任原则的评价

从公平性上看，共担责任原则比传统的生产责任原则更进了一步。Ferng（2003）认为受益原则是一个合理的基础，因为出口国通过碳排放创造了收入，而进口国通过进口产品提高了生活质量，两者都从碳排放中获益，所以应该共同分担碳排放责任。他还指出，相比于生产责任原则，共担责任原则对发展中国家更有利。Zhou 和 Kojima（2009）则认为在众多的责任划分原则中，共担责任可能比生产责任更恰当。他们发现生产者和消费者每天都在做出影响环境的生产和购买决策。

从减排效果上看，Ferng（2003）认为共担责任原则同样有助于解决碳泄漏问题。Lenzen 等（2007）则指出了共担责任原则独特的优点。相比生产责任原则，该原则下生产链上各环节的责任都与其上、下游环节密切相关，从而鼓励各环节相互配合以减少整个生产链的排放；相比消费责任原则，该原则将促使生产者和消费者合力减少产品碳排放。

对其可操作性有两个方面的评价：一方面，Bastianoni 等（2004）认为生产责任原则和消费责任原则争执不下，共担责任原则可能成为妥协的方案。Andrew 和 Forgie（2008）比较了三种原则下新西兰的碳排放责任，他们认为共担责任原则可能获得更广泛的支持。另一方面，McKerlie 等（2006）指出共担责任原则将责任者扩大化，将难以明确各方承担的责任，Peers（2008）认为分担比例问题将成为新的争论焦点。

在国际分工不断深化和全球贸易规模迅速增长的背景下，同时考虑生产国责任、消费国责任和贸易的转移排放有助于减轻碳泄漏，并且共同承担责任原则也被证实更加公平。共担责任原则涉及经济活动中的各个责任主体，认为碳排放责任与经济活动中所有的参与主体相关，应当由各个经济主体按照一定比例分担。在实际生产经营活动中，没有一个主体能够以单一身份出现，在某一经济关系下的生产者同时也是另一经济关系中的消费者，同一主体担任不同的身份，扮演不同的角色。因此，如果在经济活动中只关注单一主体是不现实的，也是不公平的。共担责任原则综合考虑生产活动中最常见的生产者和消费者两大主体，有利于同时控制碳排放的生产端和消费端，并促进生产者和消费者之间的减排合作。目前共担责任原则的研究较多，但大多还处于初步阶段，对于公平衡量的标准以及方法的应用有待进一步探究。并且，当前对全球价值链视角下的碳排放责任讨论还较为独立，随着总贸易核算框架在贸易隐含领域的应用，对于贸易利益原则的碳排放责任研究也有待进一步更新。

第四节　基于经济伦理碳排放共同责任原则分配方案

1974 年，国际高级研究机构联合会（IFIAS）首次提出"隐含能"概念，来衡量各种产品或服务过程中直接和间接消耗的能源总量。后来，该研究慢慢延伸到碳排放研究领域，"隐含碳"随之而来。随着全球贸易的扩大，贸易隐含碳越来越受到关注，成为碳排放责任界定的重要参考因素。与隐含碳排放责任分配相关的研究领域包括贸易隐含碳规模测算、贸易增加值规模测算和贸易隐含碳排放责任认定三个方面的问题。

一、贸易隐含碳规模测算

国内外关于贸易隐含碳规模测算的文献较多，采用的方法多是现在主流的投入产出法（IO）。1936 年，Leontief 提出投入产出理论，通过编制投入产出表研究经济体系各部门之间的经济联系。20 世纪 60 年代，一些专家和学者（Daly H.E., 1968；Wassily Leontief, 1970, 1974）将投入产出分析由经济学领域转向能源环境领域，开始隐含能源等领域的研究。随着全球气温的不断上升，国内外的相关学者的关注点从能源领域转移到温室气体的研究上。

囿于数据的缺乏，在研究贸易隐含碳的初始阶段多用 SRIO 模型（单区域投入产出模型 Single Regional input–output Model）。关于隐含碳的研究最早开始于 Wyckoff 和 Roop（1994），他们基于 SRIO 模型和多边贸易矩阵核算 OECD 六大成员国的 21 种进口制成品的探索。随后，Machado 和 Schaeffer（2001）、Shui 和 Harriss（2006）、Peters 和 Weber 等（2007）、Weber 和 Peters 等（2008）、Su 和 Ang（2013）都曾使用 SRIO 模型开展了测算。

多区域投入产出表出现后，MRIO 模型（多区域投入产出模型 Multi-regional input–output Model）开始受到研究人员的青睐，MRIO 模型更容易观察隐含碳在多区域间的流动。Lenzen 和 Pade 等人（2004）、Peters 和 Hertwich（2006）、Weber 和 Matthews（2007）、Kanemoto 和 Tonooka（2009）、Dietzenbacher 和 Pei（2012）等都曾使用 MRIO 模型开展研究。

总体看来，基于 SRIO 模型核算一国贸易隐含碳的研究在不断完善，但本身的"进口产品技术同质性假设"和非竞争性投入产出表的编制困难一直限制着 SRIO 模型进一步的发展，另外 SRIO 模型多用于核算一国的贸易隐含碳规模，使其无法胜任多区域隐含碳的国际比较以及碳排放的国家责任核算。采用 MRIO 模型核算隐含碳越来越趋于主流，源于其核算范围更广且核算的贸易隐含碳的水平更加精确的优点。

国内对贸易隐含碳问题的研究相对国外起步较晚，主要参照国外的研究方法结合中国的特殊贸易情况进行分析。齐晔和李惠民等人（2008）、周新（2010）、杨会民和王媛（2011）、丛晓男和王铮（2013）、赵玉焕和田扬等人（2014）、吴开尧和杨廷干（2016）、陈楠和刘学敏（2016）等学者都展开了相关的研究。

整体来看，国内关于隐含碳规模的测度在技术上一直在探索中进步。关于中国的贸易隐含碳的测度中，也都显示中国隐含碳出口规模较大，且中国是隐含碳的净出口国，在贸易中承担了较多的碳排放转移。

二、贸易增加值规模测算

基于现有的文献，贸易增加值（Trade in Value Added，TiVA）定义为最终产品的贸易对增加值的拉动作用，对于一国而言，贸易增加值的出口定义为国外的最终需求对本国增加值的拉动效应，相应的贸易增加值的进口定义为本国最终需求对国外增加值的拉动（Johnson 和 Noguera，2012），因此贸易增加值反映的是贸易量与其收入量之间的关系。贸易增加值分析的重点在于，在总的贸易增加值背后，不同国家之间是如何分摊的，该指标是反映一国在贸易中获利的有效的指标。

对贸易增加值的研究是源于学术界对贸易量与收入之间关系的关注，全球分工程度的不断加深，使得一国出口额中不再只是纯粹的国内收入，还包含加工贸易中进口国外的份额，出现了实际出口额与实际收益不对等的情形。

为了研究一国出口产品中国外份额的含量，Hummels 等人（2001）提出了"垂直专业化"的概念，虽没有明确研究出口产品中增加值的含量，但是研究明确了增加值率的计算方法，为以后的关于贸易增加值的研究奠定了基础，这种方法被称为"HIY 法"。随后"HIY 法"得到了更广泛的应用，如 Amador 和 Cabral（2009）基于"HIY 法"研究了世界多个国家垂直专业化率 40 多年演变过程。北京大学中国经济研究中心课题组（2006）根据 Hummels 等人（2001）的垂直专业化的定义和方法，计算 1992—2003 年中国的出口贸易和中国对美国出口贸易中的垂直专业化程度，结果发现 12 年间，中国出口贸易中垂直专业化率由 14% 上升至 21.8%，中国出口到美国的贸易中垂直专业化率由 14.77% 上升至 22.94%。

Koopman 和 Power 等人（2010）指出了"HIY 法"是基于两个严格假设基础上的：一是进口产品的投入程度对国内最终消费和中间产品投入是一致

的，二是进口的某国中间产品完全由某国一国的价值构成。Koopman 和 Power 等人尝试同时放松了两个假设，区分进出口贸易中的加工产品贸易和普通国内使用，基于 GTAP 数据库构建全球 MRIO 模型可用于各国进出口的增加值进行测算，并提出了"KWW 指数"，研究表明这个指数对加工贸易比较多的国家更为有效，尤其是中国，因为中国存在更多的加工贸易，从这个意义上可以看出 HIY 法实际上低估了中国的增加值贸易。

Johnson 和 Noguera（2012）在前人的研究基础上发现，以往的研究中关于增加值的测算仍存在重复的部分，因为国际分工的存在，本国进口的中间产品可能也存在着本国的价值，为了剔除重复的部分。他们主张采用覆盖全球的投入产出模型，将多国多部门的投入产出体系完全内生于全球封闭的经济系统之中，着眼于最终消费对增加值的拉动效应，提出了更为精确的"VAX 比率法"，开始从最终使用的角度核算贸易增加值。

三、贸易隐含碳排放责任认定

随着对隐含碳规模测算方法的逐渐成熟，加之测算出的国际贸易中隐含碳的规模较大，学者们开始对原有的基于"领土责任原则"的碳排放责任界定框架产生质疑。较早对生产者原则产生疑问的有 Eder 和 Narodoslawsky（1999）、Munksgaard 和 Pedersen（2001）等。Munksgaard 和 Pedersen（2001）首次提出"碳贸易差额"一词，指出丹麦国内需求较小，大部分生产是以出口满足他国的需求为目的，是碳净出口国，且由于他国需求不能由自己控制，在生产者负责制的原则下丹麦要实现减排目标非常困难，并建议丹麦应该支持消费者原则。Peters 和 Hertwich（2006）以挪威为例进行实证分析，指出采用基于消费者原则分配环境责任不需要国际上较高程度的参与。Pan 等（2008）、Weber 等（2008）Peter（2008）研究显示，以领土原则来核算各国的碳排放责任对中国等出口大国有失公允。

与消费者负责原则的发展时间大致一致，Kondo 等（1998）提出了"共担责任原则"这一思路，主要是想在领土原则和消费者原则之间找到一个发达国家和发展中国家都能够接受的有据可依的契合点。随后 Ferng 等（2003）、Rodrigues 等（2006）在这一思路的影响下，以消费者和生产者在身份上的对称性为原则被赋值为 0.5。Lenzen 等（2007）提出质疑，认为现实中生产者和消费者责任的对称性并非常态，因此平均分配的处理方法显得过于粗糙，进而建议用部门增加值来确定生产者和消费者的碳排放责任份额。此后，Cadarso 等（2012）、Lenzen 等（2005，2010）、Golombek 等（2013）也从各个角度分析、验证了"共同分担原则"的公平性。

四、基于经济伦理的共同责任原则的提出

国内外学者在贸易隐含碳和贸易增加值的规模测算，以及碳排放责任方面已做出了大量的贡献。一方面，在贸易隐含碳和贸易增加值规模方面的测算，从已有的相关文献可以看出，基本的投入产出法的已成熟，主要的争议存在于对中间投入品的区分上而产生的"反馈效应"，这部分为过去研究中的重复计算部分；另一方面来看，现有文献在结合贸易隐含碳和贸易增加值方面对国家在贸易中定位的研究还不够充分。隐含碳责任认定的研究方面，国内外学者主要的贡献在于：无论是"领土责任原则"还是"消费责任原则"都有各自的优势和缺点，为解决贸易隐含碳的责任认定问题应在共担责任原则中寻找出路。但是目前，国内外的文献关于共担责任原则的文献还比较少，更少有强而有力的分担依据，使得各方利益集团都信服。

鉴于此，本书在借鉴前人的研究经验的基础上，提出以下几点观点：

（1）贸易增加值衡量一国在国际贸易中的"获利"有失偏颇。贸易增加值衡量的是国外的最终需求对本国增加值的拉动效应，尽管增加值本身已经是一个非常优秀的总量指标，但是贸易对一个国家带来的好处不仅包含增加值的拉动还包括了就业拉动、本国住户部门享受到更多的物美价廉商品的好处等因素。因此项目组认为有必要设计一套国际贸易获利指标体系来综合测量一国在国际贸易中的"获利"。

（2）在"领土责任原则"和"消费责任原则"的争议不断的背景下提出基于"公平效率"的"经济伦理分配方案"，通过构造获利因子和效率因子，结合国家间特殊的贸易情形分配贸易中的碳排放责任，在保证公平的同时，有望更大程度地阻止贸易中碳泄漏的发生。

因此本书的基本研究思路是：按照"获利越多，责任越大；效率越低，责任越大"的原则分别构建获利因子和效率因子来分配贸易隐含碳，两者分别反映分配系数的公平和效率两个维度。"效率因子"能够让生产者为了避免承担更多的碳责任而改进生产技术提高生产效率，从而减少碳排放；"获利因子"在一定程度上反映了交易各方对于交易的"迫切程度"，获利越多承担的碳责任越多也在一定程度上提高了方案被各方接受的程度，从而在全球尺度下降低碳排放。

第三章
贸易获利研究

第一节　贸易获利：意义、方法与机制

一、贸易获利研究意义

在国际经济与贸易的往来中，商品和服务的生产与消费可能发生在不同的国家（地区），而生产过程就会伴随碳排放的产生，二氧化碳排放与产品消费发生在不同国家，就会带来"碳泄漏"的问题，比如，有些国家产生大量的二氧化碳但生产的产品大部分出口至其他国家被别国使用，有些国家在国内的碳排放量虽然减少，但它们的进口碳排放量很大，仍然对全球气候产生重大影响。因此，我们需要构建一个能反映一国"获利"的指标，按照该国的获利程度划分双边贸易产生的贸易隐含碳。该如何构建这一"获利"指标，大多数学者用"经济获利"代表所有获利，比如，进出口总额、净出口额、增加值等，这种衡量忽视了国际贸易带来的其他外部影响，如社会、资源、环境、商品结构、竞争力等，本章将考虑多方面的贸易获利，建立科学合理的贸易获利评价体系。

一个合理有效的贸易获利评价体系将发挥以下作用：

（1）合理度量在国际贸易中各方参与者的贸易获利问题。贸易获利不

应该仅仅是经济利得那么简单，扩充贸易获利的内涵，构建一个更具综合性、有效性、准确性的外贸获利评价指标体系，更能客观公正地衡量国际贸易中一国的获利程度，这也是国际社会的迫切需求，一个合理的获利评价体系，是国际政策的导向"指挥棒"。现有文献对于国际获利研究具有局限，本书创新性地提出综合获利概念或许能为国际贸易研究提供新思路。

（2）丰富了共同责任原则的贸易隐含碳解决方案。现有分配方案中，"共同责任"原则接受度更高，而该原则下的分配方案本质还是基于经济层面利益归属划定碳责任，区别只在于经济利益的划分方式不同，本书突破获利概念的局限性，从更全面的角度定义贸易获利，为隐含碳责任分配提供新的分配方案。

（3）有效防止国际贸易催生的碳泄漏，促进碳排放问题的公平性与正义性的讨论。全球气候问题十分复杂，获利研究有助于确定哪些国家应该承担更多的气候责任，全面提升大众对全球气候问题的认识，帮助国家制定更准确的减排目标和政策，更有效地管理其碳足迹，并采取更有针对性的政策措施。

二、贸易获利研究方法

（一）单指标测算获利

传统贸易利益是用贸易总额或进出口额来衡量的，但是随着经济全球化及国际分工的加深，跨国生产活动日益频繁。国际贸易中的中间产品所占比重越来越大，而传统的衡量方式会使中间品的贸易被重复计算，会高估那些以加工贸易为主的国家的贸易额，贸易总额与实际收入之间差距增大，导致贸易利益的计算结果不准确。

对此，有学者提出了贸易增加值的概念，增加值贸易主要是从最终需求出发来重新界定增加值的进口与出口，把国外最终需求拉动的国内增加值称为增加值出口，而把国内最终需求拉动的国外增加值称为增加值进口。根据测算模型的不同，现有研究主要利用两类投入产出模型对增加值贸易进行测算：非竞争型的单国投入产出模型和世界投入产出模型。

非竞争型的单国投入产出模型是从 Hummels、Jun Ishii 和 Kei-Mu Yi（2001）提出的垂直专业化概念出发，把一国作为独立的经济系统，并基于非竞争型投入产出表进行模型测算，该方法也被称为"HIY 方法"。随后"HIY 法"得到了更广泛的应用，如 Amador 和 Cabral（2009）基于"HIY 法"研究了世界多个国家垂直专业化率 40 多年演变过程。北京大学中国经济研究中心课题组（2006）根据 Hummels 等人（2001）的垂直专业化的定义和方法，计算 1992—2003 年中国的出口贸易和中国对美国出口贸易中的垂直专业化程度，结果发现 12 年间，中国出口贸易中垂直专业化率由 14% 上升至 21.8%，中国出口到美国的贸易中垂直专业化率由 14.77% 上升至 22.94%。HIY 基于两个关键假设：一是进口产品的投入程度对国内最终消费和中间产品投入是一致的，二是进口的某国中间产品完全由某国一国的价值构成。然而，现实情况中加工出口的存在违反了第一个假设，加工出口是许多发展中国家出口的重要部分（Koopman、Wang 和 Wei，2008，2012）。当不止一个国家出口中间产品时，第二个假设不成立。

研究是利用世界投入产出模型对增加值贸易进行核算，Koopman 等（2014）建立了一个将所有增加值核算指标统一纳入其中的分析框架。王直等（2015）又将该方法扩展到部门层面和双边层面。Chen 等（2019）在世界投入产出模型的基础上考察了加工贸易对贸易增加值的影响。

单一指标对贸易利益定义狭隘。对外贸易的影响不仅仅局限于经济方面，还会造成或正或负的外部效益。比如，自改革开放以来，中国就业人数从 4 亿增长至 7.74 亿人，居民人均可支配收入从 1978 年的 171 元增长到 2020 年的 32189 元，但我们的水土、空气、自然资源也遭受了肉眼可见的破坏。由此可知，衡量一国对外贸易获利程度不能局限于经济效益，还应该考虑其带来的社会效益及环境效益等，这会导致利益分配有失公允，高估或低估一些国家的获利，不能真实反映一国的获利情况，致使其在国际谈判中遭受不公正待遇，因此要考虑到扩大获利衡量范围的问题。

（二）综合评价体系

现有的有关于外贸的综合评价体系主要有两大类。

一种是以贸易经济效益为主要评价目的的指标体系。金夷和朱家健（1985）从商品的数量、价格、价值以及关税和汇率角度出发，建立了一组评价外贸经济效益的计算公式，从而有效反映对外贸易过程中各因素的关联。周绍武（1985）从出口商品利润、进口商品利润、交换比价三个指标来评价我国对外贸易经济效益。段芸芸（2007）在理论层面构建了一套外贸经济效益评价体系，分为三大类：第一类是出口商品经济效益系数、进口商品经济效益系数和对外贸易综合经济效益系数构成的；第二类是在微观层面针对出口企业的指标，包括资产负债率、流动比率、流动资产周转率、销售利润率、资金收益率、国有资产保值增值率等；第三类是宏观层面的指标，主要包括贸易条件、对外贸易依存度、进出口贸易增长速度等。杨森杰和高恒娣（2002）从出口创汇率、出口盈亏率、进口净收率和进口盈亏率构建评价指标。

另一种是以贸易强国、外贸质量、外贸可持续发展为评价目标的指标体系，其指标覆盖范围涉及社会、环境、资源等相关方面，对本书的获利指标体系构建具有积极有效的借鉴意义。蒲艳萍（2007）从经济可持续性指标、社会可持续发展指标、环境可持续发展指标三大类构建我国对外贸易可持续发展能力的综合评价，运用层次分析法计算可持续发展体系各评价指标的权重。何莉（2010，2011）从贸易增长规模、贸易结构、贸易经济效益、贸易社会效益和贸易国际竞争力五个层次构建贸易质量评价指标体系，对1990—2009年我国贸易质量进行了综合评价和分析。朱启荣和言英杰（2012）利用主成分分析法从贸易增长速度、贸易国际竞争力、贸易经济效益、贸易社会效益、贸易资源利用水平和贸易绿色发展能力六个方面选择贸易质量评价指标来分析我国对外贸易增长质量和影响因素。高金田和孙剑锋（2019）运用灰色关联法从贸易基本状况、贸易与经济发展、贸易与新发展理念三个角度选取相应的贸易质量评价指标对我国贸易质量进行综合评价和分析。曲维玺等（2019）从外贸基础、外贸优化度、外贸竞争力地位、外贸综合服务和国际经贸规则地位五个方面构建贸易高质量发展指标体系。

以贸易经济效益为主要评价目的的指标体系存在的问题与单一指标类似，也是对贸易利益定义过于狭隘，仅限于经济效益。以贸易强国和外贸质量为评价目标的指标体系虽然范围更加广泛，但是，该指标体系与需要构建的获利评价指标相似但不完全相同，为避免混淆有必要进行区分说明。其区别主要有两点：其一，获利分配研究的是两个或两个以上国家之间的利益分配问题，而贸易质量的评价则是侧重于衡量一国的贸易状况，因此，在选取指标时获利分配要以双边或多边指标为主，指标更具有国家间的针对性。其二，评价指标度量方向不同，获利评价指标要以衡量经济、社会、生态等方面的利益得失为主，而外贸质量指标则以表示一国的各方面整体状况为主。

三、贸易获利机制

狭义的贸易获利是仅停留在经济层面的经济收入。广义的贸易利得（Trade Gains）是指国际贸易活动中各方（国家、企业、消费者等）由于参与贸易而获得的利益。这些利益可以包括增加的收入、经济活动的多元性、更高的商品竞争力、被提高社会效益（更高的收入和就业，更低的消费价格）、良好的资源环境等。下文将基于现有学者的研究对贸易获利机制进一步完善。

（一）经济效益：促进国内经济增长

早在1937年，英国经济学者罗伯逊就提出外贸是一国经济增长的发动机，后进国家可以通过拉动出口增长来带动本国经济。

对外贸易蓬勃发展最直接的经济影响除了贸易额的增加之外，就是关税收入的增加，据《中国财政统计年鉴》显示，2000年，中国关税收入为750.48亿元，2021年已经飞升至2806.14亿元，20年内，税收增长为原来的3.7倍，既增长了我国的财政收入，也提升了居民的社会福利水平。2000年，关税收入占到国家财政总收入的6%，即使随着国家经济发展所占比重下降，但其仍然是重要的财政收入组成部分，如图3-1所示。

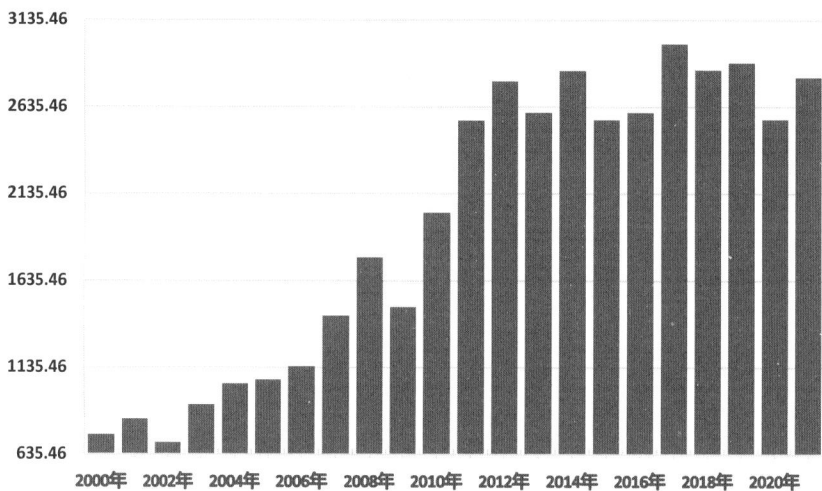

图3-1　中国2000—2020年关税收入（单位：亿元）

数据来源：《中国财政统计年鉴》。

一国对外贸易获取的经济利益还体现在进出口差额占国内生产总值的比重上，我国的对外贸易与经济发展存在显著的正向依存关系，出口是推动我国经济增长的"三驾马车"之一。《中国统计年鉴》数据表明，自2000年起，净出口占国内生产总值比重呈现"先升后降"的趋势。2000年，净出口占国内生产总值的拉动率为2%，加入世界贸易组织之后，经济全球化给我国经济增长带来巨大的增长潜力，净出口在国内生产总值中的比重快速增加，并于2007年达到最大为7.5%，随后受2008全球金融危机影响以及出口潜力释放完成，净出口占国内生产总值比重急剧下降，2015年前后净出口占比有所提升，随后又开始下降，并稳定在3%左右，如图3-2所示。

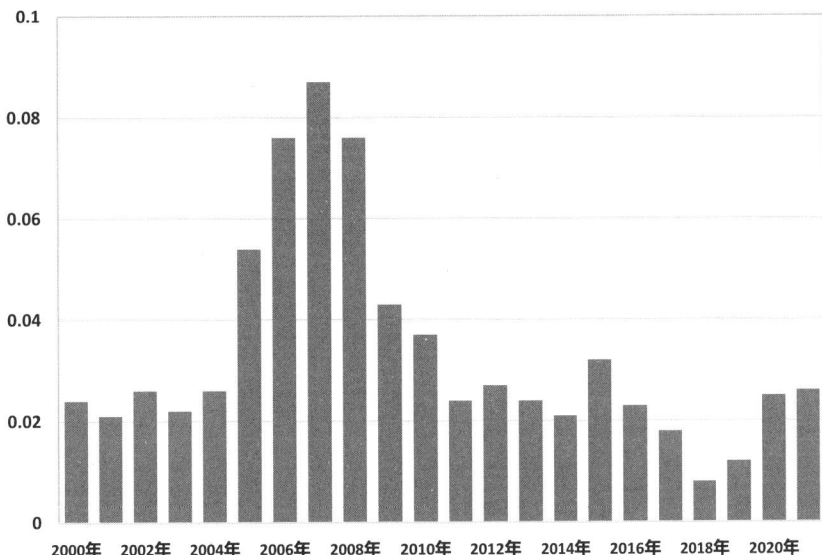

图 3-2　中国 2000—2020 年进出口对 GDP 拉动率

数据来源：《中国统计年鉴》。

技术溢出也是对外贸易的产生的一个间接经济利益。它是指技术的非自愿、无意识的扩散途径，它是存在于市场机制之外的，技术领先企业、所有者的外部性行为。已有大量证据表明，国际直接投资和国际贸易是国际间技术溢出的两个主要渠道，是全球技术进步的主要因素，在此，本书只研究国际贸易所产生的技术溢出。Grossman（1991）的理论研究表明，一个国家可以通过进口技术含量更高、品类更丰富、质量更优良的商品，学习其中的生产方式、生产技术和管理经验，以提升本国的生产能力，促进本土企业的技术更迭和管理创新，进而减少本国的资源浪费提高生产效率。邓海滨和廖进中（2010）以全球 60 个国家为研究对象，高凌云和王永中（2008）基于 178 个国家研究证明无论发达国家还是发展中国家，进口产生的技术溢出都会给该国带来巨大的技术进步，这种效应对发展中国家尤为重要。

（二）优化贸易结构，提高贸易竞争力

对外贸易结构按照不同的分类标准可以分为外贸商品结构、外贸方式结构、外贸市场结构、外贸区域结构、外贸企业结构，结合本书的研究内容，仅探讨外贸的商品结构。贸易商品结构按照贸易的内容，可分为货物商品以及服务商品。而货物商品顾名思义是有实体的商品，可以根据其附加值的高低分为初级产品和工业制成品。对于其中的工业制成品，则又可以根据制成过程中投入的要素性质分为劳动密集型、资本密集型。

在已有的贸易理论中，商品结构对于经济增长的影响早有研究，赫克歇尔－俄林理论认为各国会根据自己的生产要素禀赋选择在国际贸易中出口要素禀赋丰富的产品，并获取其他国家要素禀赋丰富的产品，从而在对外贸易中获取最大化利益，这就形成了各国不同的商品结构，因此，一国的商品结构在一定程度上反映该国的发展程度与获利能力。Jacint、Mauel（2004）的研究表明，贸易结构调整对经济增长的作用效果远远超过单纯扩大出口所带来的影响。冯帆（2012）通过我国贸易结构和经济增长的关系，用实证检验了这对变量间的作用关系。蓝庆新（2002）在研究我国贸易结构变化与经济增长关系时将商品种类按照 SITC 标准分为初级产品和工业制品两类，其中 0—4 类为初级品，5—9 类为工业制成品。

商品的进出口种类代表了一个国家的生产能力、产业结构水平、生产要素禀赋与科技的发展水平等，以初级产品及低附加值为出口主力的国家，其产品技术含量低，在国际市场上的竞争力弱，容易被其他国家的产品取代，进而其获利能力低。而高技术含量、高附加值产品使其被替代的可能性大大降低，在国际市场上具有显著的价格优势和产品竞争力，其获利能力自然就高。此外，随着经济全球化进一步加深，第三产业的进出口比重也在逐步扩大，服务商品的出口量也成为衡量一国竞争力的重要指标。

（三）社会效益：影响社会福利

传统的国际贸易理论表明，出口增加会提升一国的就业率，国内外学者对于对外贸易与就业水平的关系有大量的研究，Milner 和 Wright（1998）通过对包含中国在内的发展中国家的就业水平与外贸规模研究证明，出口的开放程度越大，其对就业的促进作用越显著。我国现有数据表明，对外贸易为中国创造了大量的就业机会，根据商务部综合司和商务部研究院联合发布的《中国对外贸易形势报告（2018 年秋季）》公布的数据，从全球价值链角度测算结果看，中国每百万美元货物出口对中国就业的拉动为 59.0 人次。其中，每百万一般贸易出口能带来 82.7 人次的就业，每百万加工贸易出口能带来 26.5 人次的就业。根据国家统计局的数据，从对外贸易依存度的计算来看，进出口总值占国内生产总值的比重越大，对外贸易对国内经济和就业的影响越大。

除就业外，对外贸易还会影响居民收入，在我国经济贸易快速发展的这些年，居民的可支配收入也在明显提升，改革开放初期，中国的城镇居民人均可支配收入为 343.4 元，农村居民人均纯收入为 133.6 元，城镇居民与农村居民的人均收入水平都比较低；到 2000 年中国加入世界贸易组织前夕，城镇居民人均可支配收入达到 6256 元，是 1978 年的 18 倍。最新数据表明，2021年的城镇居民人均可支配收入 47412 元，是 2000 年的 7.6 倍。国际贸易量的增加一方面增大了劳动力需求，创造更多就业岗位，另一方面也增加了相关行业的劳动者收入。

此外，对外贸易所产生的社会效益还包括对居民消费水平的影响，一国通过进口本国缺乏的商品，既满足了居民对产品的多样性需求，又降低了该品类在本国的商品价格，降低物价水平，提高本国消费者福利。

（四）环境效益：环境污染加剧

经济发展造成的环境污染问题被人们重视，自加入世贸组织以来，中国在全球承担着"世界工厂"的角色，高污染、高能耗、低效益的制造业被转移到中国来，承接这些产业对我国的环境污染愈加严重。在全球价值链中，发展中国家逐步沦为发达国家的"垃圾场"，Copeland 和 Taylor（1994）在研究北南贸易时提出了"污染天堂假说"，发达国家为了自身利益，会将高污染产业更自然地向环境标准较低的发展中国家进行转移，导致发展中国家成为发达国家的污染天堂。张连众等（2003）、孔淑红和周甜甜（2012）通过对具体产业国际贸易与环境污染情况的分析，客观证实了在我国国际贸易过程中污染天堂假说的存在。钟凯扬（2016）通过对我国20年的省际面板数据研究发现对外贸易带动了环境污染，并有长期滞后影响。

在我国的外贸出口结构中，高污染产品比重较大，服装、纺织产品、化工产品、造纸、塑料制品等都属于污染密集型产品，这使得我国的工业废水、废气、废物，以及二氧化碳、二氧化硫排放量居高不下，我国二氧化硫排放量最高时期每年排放 2588 万吨，每年因环境污染造成的经济损失占到每年国内生产总值的 10% 左右，人民的生活环境遭到破坏，身体健康受到威胁，经济利益受到损失，严重影响到人们的日常生活与安全，严重时期如在2013 年初，由亚洲开发银行和清华大学发布的最新《中国环境分析》指出：全球污染最严重的 10 个城市中，我国就有 7 个城市在内；中国 500 个城市中，空气质量达到世卫组织推荐标准的不足 5 个。

（五）资源效益：资源大量损耗

近年来，随着绿色经济观念深入人心，国际贸易中的资源消耗也成为衡量贸易获利的重要指标。我国是贸易出口大国，长期以来采取出口导向型的经济政策，鼓励企业扩大出口，大量的商品出口意味着更多的能源消耗。同时，中国在全球价值链中扮演"加工者"角色，这意味着中国需要进口大量原材料和零部件，然后将它们组装成成品，再出口到其他国家。这个过程涉及多次物流和运输，也增加了能源消耗。

除经济体量过大这一原因之外，整体生产技术水平低也是造成中国能源损耗高的重要原因，生产同样单位产品，能源效率低的国家消耗量要更多，能源消耗所创造的经济效益低，会进一步加快能源消耗速度，尤其是我国制造业，资源损耗大，能源强度高。中国是世界上最大的制造业国家之一，许多出口商品需要大量的能源来生产。一些能源密集型行业，如钢铁、水泥和铝等，对电力和燃料的需求巨大，导致了大量的能源损耗和碳排放。另外，我国能源结构单一，仍然以煤炭为主，而煤炭是高碳能源，因此在生产和供应链中的使用导致了更多的碳排放。能源消耗与资源损耗对于我国造成不可估量的生态损失，土地、河流、森林资源的破坏更是不可逆转。

第二节　贸易获利评价体系

本节构建了全新的双边贸易获利评价体系，选取经济效益、出口结构与竞争力、社会效益、环境效益、资源效益五个维度共计 19 个指标，其中 11 个正向指标，8 个负向指标。

一、贸易获利指标构建原则

全面性原则。一国的综合获利情况是由各个方面的指标综合而成的，因此，构建指标体系时应该尽可能涵盖获利的多个角度。指标选取也应该包括多种类型，总量与质量指标结合，正向与逆向指标结合，相对与绝对指标结合。

科学性和严密性原则。指标体系的建立离不开扎实系统的理论研究，即深挖研究对象的本质。对于本书贸易获利，应该探究国际贸易产生的影响，判断其影响大小，进而对贸易获利的内涵加以扩充，做到有理可依，有据可循。

代表性原则。在确定指标构成时应当选取代表性的指标，避免指标冗杂而信息量不够，评价贸易获利涉及多方面指标，每个方面指标都应该合理且优质，既能全面描述目标，又不能重复，需要有较强的选择判断力。

可操作性原则。构建评价指标体系的目的是进行量化测算，因此，指标在选取时应当考虑数据获取的难易程度，特别是本书建立的双边国家之间的指标体系，数据范围囊括经济、社会、环境、资源等多个方面，更需要在保证指标设计合理的同时考虑到双边数据的可获得性。

一致性原则。最终计算出的不同国家之间的获利综合评价值应该具有可比性，因此在选取指标时，不同的双边国家之间应该采用相同的指标体系，这就要求在选取指标时应当避免选择具有特属于某两国贸易性质的指标。最终的指标体系应当普遍适用于任意两个国家之间的获利分配。此外，对于同一个指标，不同国家之间的数据统计口径也应该保持一致，避免出现因口径不统一造成的结果偏差。

二、指标选取与解释

如根据贸易获利的定义，该指标体系由五个方面的指标构成，分别是经济效益、商品结构与竞争力、社会效益、环境效益、资源效益。

（一）经济效益

经济效益是对外贸易带来的最直接，也是学者们研究最多的贸易获利问题。该类别包括双边贸易进出口额、净出口额和关税收入。

双边贸易进出口总额：由于是研究中美双边的获利问题，因此需要取得中方对美方的出口额以及美方对中方的出口额。

净出口额：出口减去进口。

关税收入：由于缺乏直接的双边关税收入数据，本书选用中国对他国加权平均关税税率估算中国对他国的进口的关税收入，世界贸易组织成员之间采用最惠国关税（MFN），中国关税收入 = 中国对他国 MFN 税率 × 中国对他国的进口总额。

外贸对国内生产总值的拉动率：净出口额 / 当年国内生产总值表示外贸对国内经济的影响。

技术溢出：技术溢出参考陈启斐、刘志彪（2015）在研究进口服务贸易、技术溢出与全要素生产率关系时对进口服务贸易技术溢出效应的测算方法，在此基础上稍作改进来测算总进口的技术溢出。由于各国的研发效率存在很大的差异，采用研究与试验发展投入资金不能很好地区分出这种效率上的差异，因此本书并未采用传统的用研究与试验发展支出测算知识存量的方法，而是使用非居民专利申请数来表示一国的知识积累，采用永续盘存法计算一国的知识存量，首先计算 2000 年的期初知识存量。

$$S_{i2000}^d = S_{i2000} / \left(\overline{g_i} + \delta \right) \tag{3.1}$$

S_{i2000}^d 为 2000 年的知识存量，S_{i2000} 为 2000 年的新增知识流量，$\overline{g_i}$ 是从 2000 到 2020 年共计 20 年的知识流量年平均增长速度，δ 为折旧率，设定为 5%。

以 2000 年为初期，计算其他年份的知识存量，计算公式为：

$$S_{it}^d = I_{it-1} + \left(1 - \delta \right) S_{it-1}^d \tag{3.2}$$

其中，S_{it-1}^d 是上一年的知识存量，I_{it-1} 是上一年新增的知识量就是上年度的非居民专利申请数。

（二）商品结构与竞争力

贸易商品结构是指在一国的进出口贸易中各类商品所占的比重，反映了该国的经济发展水平、国际分工地位以及产业竞争力等。对外贸易产品结构的合理性及其优化与否，是反映该国对外贸易综合效益的重要标志。

出口商品结构按照常用分类方式，将其分为劳动密集型、资本密集型和资源密集型产品，用这三类产品占出口到贸易国的比重表示商品结构。参照《现代经济学大典》的分类方法，基于标准国际贸易分类（SITC），将第 6、8 类工业制成品归为劳动密集型产品，将第 5、7 类归为资本密集型产品，将 0—4 归为资源密集型产品，见表 3-1。

表 3-1 SITC 的分类标准

SITC 编码	具体明目
0	粮食及活体动物
1	饮料及烟叶
2	除燃料外的非食用未加工材料
3	矿物燃料、润滑油及有关物质
4	动物及植物油、脂肪及蜡

续表

SITC 编码	具体明目
5	未列明的化学及有关产品
6	主要按材料分类的制成品
7	机械及运输设备
8	杂项制成品
9	未列入其他分类的货物及交易

出口竞争力指标选用高新技术产品、服务业出口，中国出口产品占美国总进口的份额。高新技术产品的分类基于中国产业分类方法，将高新技术产品分为9类：（1）生物技术；（2）生命科学技术；（3）光电技术；（4）计算机与通信技术；（5）电子技术；（6）计算机集成制造技术；（7）材料技术；（8）航空航天技术；（9）其他技术。参考郑学党、庄芮（2015）对高新技术产品的整理方式，对2022年版《商品名称及编码协调制度》（HS2022）进行转化，见表3-2。

表3-2 高新技术产品的HS2022编码

分类	HS2022 编码
（1）	293710，293711，293712，293729，293723，294000，300220，300239，300290，300231，300230
（2）	284440，284590，291469，291890，291899，292149，292219，292229，292249，292250，292429，292800，293050，293090，293100，293219，293291，293292，293299，293319，293329，293339，293349，293359，293390，293391，293399，293430，293490，293491，293499，300210，300490，900661，901180，901190，901210，901290，901811，901812，901813，901814，901850，901910，901920，902110，902111，902119，902130，902131，902139，902140，902150，902190，902211，902212，902213，902214，902219，902221，902229，902230，902790
（3）	845610，851920，851921，851929，851981，851989，854089，900290，901380，901510，901520，901530，901540，902410，902480，902730，902920，903141，903149，903180

续表

分类	HS2022 编码
（4）	844331，844332，844399，847050，847110，847120，847130，847141，847149，847150，847160，847170，847180，847190，847191，847192，847193，847199，847330，847350，850490，851712，851718，851761，851762，851769，851770，852110，852190，852329，852351，852359，852380，852510，852520，852530，852540，852550，852560，852580，852610，852691，852692，852841，852851，852861，852869，852871，852872，852990，880390
（5）	852352，853400，853710，854079，854110，854121，854129，854130，854140，854150，854190，854210，854211，854212，854213，854214，854219，854220，854221，854229，854230，854231，854232，854233，854239，854240，854250，854260，854270，854280，854290，854310，854311，854319，854320，901819，901890，903090
（6）	842489，842710，842890，845620，845630，845690，845691，845699，845710，845720，845730，845811，845891，845910，845921，845931，845940，845951，845961，845970，846011，846021，846031，846040，846090，846120，846130，846150，846190，846221，846231，846241，846291，846299，846410，846490，847950，847989，847990，848610，848620，848630，848640，848690，850819，850860，850870
（7）	381800，854470，900110，900190，900791
（8）	841111，841112，841121，841122，841181，841182，841191，841199，841210，880211，880212，880230，880240，880250，880260，880310，880320，880330，880520，880521，880529，901410，901420，901490，901580，902290，902750
（9）	284420，840110，840120，840130，840140，900510，900580，901310，901480，903010

服务业出口在一定程度上可以反映一国的出口的产品结构与发展水平。

中国出口产品占美国总进口的份额可以直观表示一国产品在贸易国的竞争力。

（三）社会效益

社会效益指标共考虑了三方面内容，分别是居民就业、收入分配、居民消费价格。

居民就业采用 15 岁以上人口就业率来表示。

收入分配用月人均国内生产总值表示，单位为美元。

居民消费价格指数（CPI）能反映与居民生活有关的消费品及服务价格水平的变动情况，其升高说明物价上涨，居民的消费水平下降，反之则上升。

（四）环境效益

环境效益的评价指标选用废气排放量、废物排放量、污染密集型产品出口量，由于国际缺乏废水排放的相关指标，故未设置该指标。

废气排放量缺乏直接数据，本书用单位国内生产总值的二氧化碳排放量间接计算，即：中国出口废气排放量 = 中国对他国的出口额 × 中国单位国内生产总值的二氧化碳排放。

废物排放量通过联合国数据库（UN Data）获取各国工业废物排放量，单位为太焦耳，中国出口他国导致的工业废物排放量 = 中国当年工业废物排放总量 ×（中国对他国的出口额 / 中国当年国内生产总值）。

污染密集型产品出口参照环保总局发布的"高污染、高环境风险"产品名录（2021），将高污染产品归于 HS 分类目录下的第 13、28、29、32、34、38、39、73、74、84、85、87、90 章，见表 3-3。

表 3-3　HS 分类目录下高污染产品编码

HS 编码	商品名称	HS 编码	商品名称
13	虫胶；树胶、树脂及其他植物液、汁	73	钢铁制品
28	无机化学品；贵金属、稀土金属、放射性元素及其同位素的有机及无机化合物	74	铜及其制品
29	有机化合物	84	核反应堆、锅炉、机器、机械器具及其零件

续表

HS 编码	商品名称	HS 编码	商品名称
32	鞣料浸膏及染料浸膏；鞣酸及其衍生物；染料、颜料及其他着色料；油漆及清漆；油灰及其他类似胶黏剂；墨水、油墨	85	电机、电气设备及其零件；录音机及放声机、电视图像、声音的录制和重放设备及其零件、附件
34	肥皂、有机表面活性剂、洗涤剂、润滑剂、人造蜡、调制蜡、光洁剂、蜡烛及类似品；塑型用膏、"牙科用蜡"及牙科用熟石膏制剂	87	车辆及其零件、附件，但铁道及电车道车辆除外
38	杂项化学产品	90	光学、照相、电影、计量、检验、医疗或外科用仪器及设备、精密仪器及设备；上述物品的零件、附件
39	塑料及其制品		

（五）资源效益

资源效益选取出口能源消耗量和高能耗产品出口量两个指标。

出口能源消耗量通过万元国内生产总值能耗来计算，即：中国出口能源消耗量 = 中国万元国内生产总值能耗 × 中国对美国的出口额。

高能耗产品出口量依据国家统计局对"主要高耗能产品进出口量"的统计，将相关类别归于 HS 分类目录下的第 25、28、38、48、68、70、72-74、76、79、83、84、96 章，见表 3-4。

表 3-4 HS 分类目录下高能耗产品编码

HS 编码	商品名称	HS 编码	商品名称
25	盐；硫黄；泥土及石料；石膏料、石灰及水泥	73	钢铁制品
28	无机化学品；贵金属、稀土金属、放射性元素及其同位素的有机及无机化合物	74	铜及其制品

HS 编码	商品名称	HS 编码	商品名称
38	杂项化学产品	76	铝及其制品
48	纸及纸板；纸浆、纸或纸板制品	79	锌及其制品
68	石料、石膏、水泥、石棉、云母及类似材料的制品	83	贱金属杂项制品
70	玻璃及其制品	84	核反应堆、锅炉、机器、机械器具及其零件
72	钢铁	96	杂项制品

将各维度指标汇总即可得到如表 3-5 所示综合获利评价指标体系，该指标体系测算的是 A 国获利情况。

表 3-5　获利评价指标体系设计

一级指标	二级指标	三级指标	属性
经济利益	直接经济利益	A 对 B 进出口总额	正
		A 对 B 净出口额	正
		关税收入	正
	间接经济利益	双边贸易对国内生产总值的贡献率	正
		B 对 A 技术溢出	正
出口结构和竞争力	出口结构	A 对 B 劳动密集型产品出口占比	负
		A 对 B 资本密集型产品出口占比	正
		A 对 B 资源密集型产品出口占比	负
	竞争力	A 对 B 服务业出口占比	正
		A 对 B 高新技术产品占比	正
		A 对 B 出口产品市场占有量	正
社会效益	就业	A 国就业率	正
	收入	人均国内生产总值	正
	价格水平	A 国居民消费价格指数年增长率	负
环境效益	废气排放	A 对 B 进出口贸易产品废气排放量	负
	废物排放	A 对 B 进出口贸易产品废渣排放量	负
	高污染出口	A 对 B 污染密集型产品出口量	负

续表

一级指标	二级指标	三级指标	属性
资源消耗	间接出口	A 对 B 出口能源消耗量	负
	直接出口	A 对 B 高能耗产品出口量	负

第三节　贸易获利评价指标的测算

本节介绍获利指标的数据来源和指标构建方法，使用熵权法计算出包括中美、中韩、中日、中俄、中澳、中印的六个双边组合的获利结果。[①]

一、获利指标数据来源

双边贸易额、关税数据、中国出口产品占美国总进口比重数据来自世界贸易综合数据库（WITS），这是一个由世界银行、世界贸易组织、联合国统计局和贸易与发展会议等国际机构共同开发的数据库，包含世界多数国家与地区之间的国际贸易数据。各国的国内生产总值数据来自世界银行世界发展指标数据库（WDI）。国际对于双边服务贸易进出口数据来自经济合作与发展组织数据库。

劳动密集型、资本密集型、资源密集型、高新技术产品、高污染产品、高能耗产品来自联合国商品贸易数据库（UN Comtrade Database），该数据库由联合国统计司提供，它包含了 1962 年以来全世界近 200 个国家和地区的商品贸易统计数据，数据库中的商品估价是根据提交国提供的汇率将其国家货币转换成美元而得到的结果，商品分类遵循《国际贸易商品标准分类》（SITC 标准），编码遵循协调商品分类目录及其编码制度（Harmonized System），可以通过商品名称、代码、国家名称、商品分类或缩写等角度进行检索，也可以按统计系

[①] 第二节建立的指标体系中的具体指标，很多在国内省际层面缺失，因此本节只分析国家间的贸易获利测算结果。

列（Series）字母顺序、数据来源（Sources）或主题（Topic）查询统计数据。

就业率和收入数据来自国际劳工组织（ILOSTAT），该数据库涵盖各国劳动领域的各个方面。居民消费价格指数同样来自联合国贸易与发展会议数据（UNCTAD）。用于计算技术溢出的非居民专利申请数据来自世界知识产权组织统计数据库。工业废物数据来自联合国数据（UN Data）。废气排放量来自全球大气研究排放数据库（EDGAR）。万元国内生产总值能耗数据来自世界银行的世界发展指标（WDI），2015、2016 年数据存在缺失，通过观察发现，能耗数据在前 14年呈线性增长，故通过计算 2000—2014 年的平均增长率，预测填补缺失值。

二、熵权法构建获利指标

本研究所涉及的数据为时间序列，因此选择采用熵权法来建立我国对外贸易获利评价模型。对于多个对象和多个指标组成的综合评价体系，熵权法被广泛应用。其核心思想是根据各个观测值提供的信息量来确定权重，只要获得完整的样本数据，熵权法可以提供较高可信度的权重值。通常情况下，熵值越大，表示系统越混乱无序，携带的信息量越少，效用值越低，因此相应指标的权重较小；反之，熵值越小，表示系统越有序，携带的信息量越多，效用值越高，因此相应指标的权重较大。熵权法的步骤如下。

1. 对数据归一化处理

由于各指标间采用不同的量纲和数量级，所以为消除量纲对评价结果带来的不必要影响，需要对各指标进行标准化处理。首先要区分指标为正向指标还是负向指标，正向指标即值越大越好，负向指标即值越小越好。

对于正向指标的归一化处理方法为：

$$Y_{ij} = \frac{x_{ij} - \min(x_{ij})}{\max(x_{ij}) - \min(x_{ij})} \tag{3.3}$$

负向指标的归一化处理方法为：

$$Y_{ij} = \frac{\max(x_{ij}) - x_{ij}}{\max(x_{ij}) - \min(x_{ij})} \tag{3.4}$$

2.计算第 j 个指标下第 i 个项目的指标值的比重 P_{ij}

$$P_{ij} = Y_{ij} / \sum_{i=1}^{n} Y_{ij} \tag{3.5}$$

3.计算第 j 项指标的熵值

根据信息论中信息熵的定义，一组数据的信息熵，如果 $p_{ij}=0$，则定义 $p_{ij} ln p_{ij} = 0$。

$$E_j = -ln(n)^{-1} \sum_{i=1}^{n} p_{ij} ln p_{ij} \tag{3.6}$$

4.计算各项指标的权值

根据信息熵的计算公式，计算出各个指标的信息熵为 $E_1, E_2, \cdots, E_K$，通过信息熵计算各指标的权重：

$$W_i = \frac{1-E_i}{k - \sum E_i} (i = 1, 2, \cdots, k) \tag{3.7}$$

其中，$1-E_i$ 为信息熵冗杂度。

利用熵值法估算各指标的权重，其本质在于利用该指标信息的价值系数来计算，其价值系数越高，对评价结果的影响就越大，所赋予的权重就越高。

5.计算综合评价值

用第 j 项指标权重 w_j 与第 i 个样本第 j 项评价指标的标准化数值 y_{ij} 的乘积作为 x_{ij} 的评价值 f_{ij}，即：

$$f_{ij} = w_j \times y_{ij} \tag{3.8}$$

最终计算得到第 i 个样本的获利评价指标 f_i，该值越大，该国获利越高。

$$f_i = \sum_{j=1}^{n} f_{ij} \tag{3.9}$$

三、双边贸易获利分析

（一）中美贸易获利分析

基于上文的获利评价指标体系，使用熵权法计算得到 2000—2020 年中美两国的获利得分以及各指标所占权重，由于三级指标数量较多，故将权重加总到一级指标，下文将分析经济效益、出口结构及竞争力、社会效益、环境效益、资源效益五个一级指标维度在获利评价指标体系中的贡献率，贡献率变化情况以及最终利得情况。

1. 经济效益维度贡献度分析

经济效益维度的贡献率是双边进出口总额、净出口额、关税收入、双边贸易对国内生产总值贡献率、技术溢出这五个三级指标的权重总和。

中国方面，经济效益维度是五个维度中波动最大、贡献度涨幅最大的。从2000年4.14%的贡献度增长至2020年的39.74%，中国自加入世贸组织后，与美国的贸易总额呈线性增长，2000年中美贸易总额仅为744亿美元，2020年增长为5870亿美元，巨大的经济贸易额使得中国经济效益经飞速上涨，直至2008年受金融危机影响经济获利出现短期低迷，及时调整后于2011年达到新高，2014年之后经济利得的贡献度上下波动，不再稳定，2014年之后全球经济增长放缓，包括中国和美国在内的多个国家都受到了影响，全球需求疲软导致了商品和产品的需求下降，这对中国的出口产生了不利影响。2018年开始的中美贸易战致使两国出口额减少。

美国方面，经济效益贡献度呈现明显的波动上升再波动下降的趋势。2000—2003年经济效益贡献度变动不明显，是因为这3年内，中国对美的出口额增速要高于对美进口额，美国出口额度无显著变动，2003—2013年经济效益贡献度波动上升并于2013年达到最大值51.07%，之后波动下降至39.74%。

总体而言，经济效益的贡献程度总体表现为上升又回落的现象，最高可占到总获利能力的一半，该现象的成因有两个：一则受中美经济形势影响，可见贡献度与该国出口额增速基本保持一致；二则以经济为主导的获利体系受其他维度影响，遇到挑战。

2. 中美出口结构及竞争力贡献度分析

出口结构与竞争力的贡献度是出口劳动密集型产品占比、资本密集型出口占比、资源密集型出口占比、服务出口占比、高新技术产品出口占比与出口产品市场占有量六个三级指标权重加总得到的。

中国方面，出口结构与竞争力整体贡献度变动不大，在 20% 左右徘徊，但值得注意的是竞争力在这一维度内的贡献力逐年提高。就整体来看，2000—2003 年该维度贡献力降低，主要原因是我国出口结构尚不完备，初入美国市场商品竞争力也不够强。之后年份该维度的贡献力无明显波动，进一步探究二级指标发现，我国商品竞争力的内部贡献力在不断提升，2000 年我国商品竞争力贡献度为 34.72%，到 2020 年增长为 59.55%。

美国方面，出口结构与竞争力整体贡献度变动相较中国更强。其中，出口至中国的商品竞争力的贡献度相较 2000 年降低了。

3. 中美社会效益贡献度分析

社会效益贡献度是就业率、人均国内生产总值、居民消费价格指数年增长率三个指标权重加总而来。

对中美两国而言，社会效益是除经济效益之外的另一个贡献度上升的维度，且上升态势平稳，起伏不大。由于社会效益是涉及就业、收入、消费价格的指标，该指标具有效益的累积性、作用的长期性、稳定性等特性，注定该指标不会有明显变动。此外，若无重大因素影响，长期看来，一个社会发展普遍是稳中向好的，就业率增长、收入提高、技术进步、购买力提高是应有的发展趋势，因此，该指标的贡献率不断升高。

4. 中美环境效益贡献度分析

环境效益贡献度是出口贸易产品废气排放量、废渣排放量、污染密集型产品出口量三个指标权重加总得来。

中国方面，环境效益贡献度降低，即我国环境获利能力降低，换而言之就是对美出口导致我国环境损耗增加，现今我国废气、废物排放趋于稳定，但近 20 年来，高污染产品的出口一路飙升，2000 年高污染含量产品出口量为 515 亿美元，到 2020 年增长至 2772 亿美元，该类产品生产造成大量的环境污染，河流、空气、土壤被肆意破坏，降低了我国可持续发展的能力，以及居民的生活幸福感。

美国方面，2011 年之后出口到我国的高污染商品，以及生产所产生的废气、废物都在逐年降低，社会效益贡献率有回升态势。

可见中美两国前期发展都未注重环境保护，导致环境效益大幅降低，2012 年之后，环保理念受到重视，环境效益保持稳定。

5. 中美资源效益贡献度分析

环境资源效益贡献度由出口能源消耗量、高能耗产品出口量的权重加总而来。资源效益与环境效益基本保持同步变化，资源效益的获利贡献度低于环境效益，说明能源的消耗更为严重。

中国方面，资源消耗量只增不减，经测算，2000—2020 年我国对美国直接出口的高能耗产品额以年均 13.8% 的速度增长，出口导致的间接石油消耗量以年均 7.5% 的速度增长，截至 2020 年贸易额达到 1288 亿美元，间接石油消耗量为 6367 万吨，相较 2000 年翻了 4 倍。

美国方面，资源效益贡献率变动趋势与中国一致，同样面临资源损耗的问题，但增速比中国低很多，2000—2020 年美国对我国直接出口的高能耗产品额以年均 7.65% 的速度增长，出口导致的间接石油消耗量以年均 5.29% 的速度增长，截至 2020 年高能耗产品出口额达到 216.9 亿美元，间接石油消耗量为 1320 万吨，如图 3-3、图 3-4 所示。

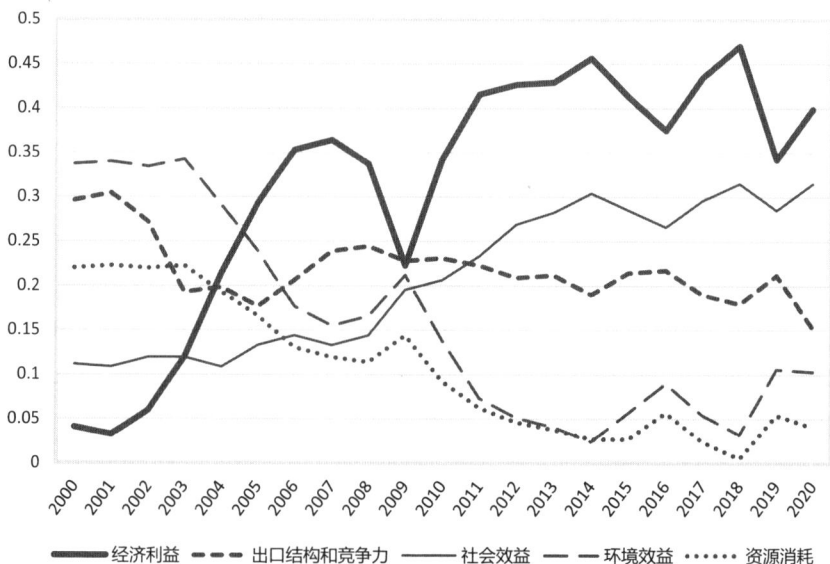

图 3-3　中国各维度获利贡献率（中美双边）

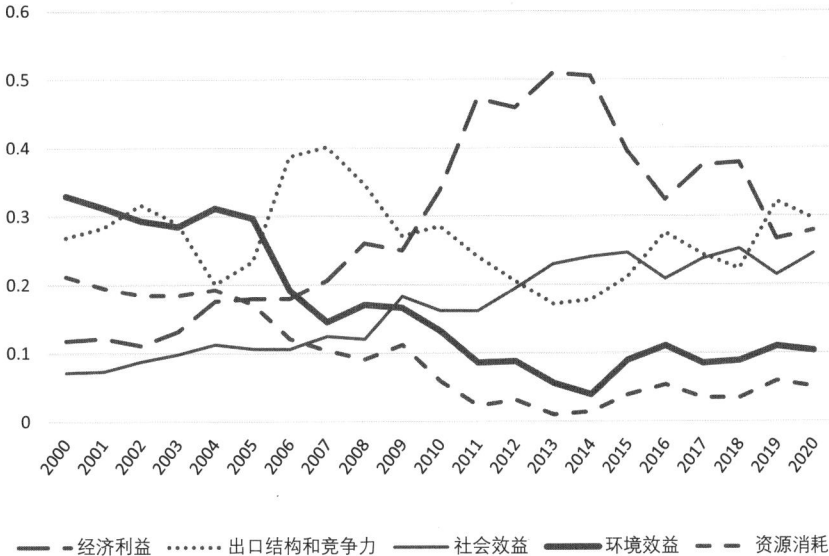

图 3-4　美国各维度获利贡献率（中美双边）

6. 中美综合获利分析

用熵权法算得各指标权重后，将归一化处理后的指标数据与各指标权重相乘即可得到各指标具体得分，各指标得分相加得到图 3-5 的最终获利得分，对两国获利结果分析得到以下结论。

从中国目前的获利得分来看，排在第一位的是经济利益，其次是社会效益，之后分别是出口结构和竞争力、环境效益、资源效益，经济利益贡献率高达 40%。从美国当前获利贡献率来看，排在第一位的是出口结构和竞争力，紧随其后的是经济利益、社会效益，然后是环境效益、资源效益，出口结构和竞争力 29.80%、经济利益 28.32%、社会效益 25.05%。可见我国各个维度的贡献率差异较大，而美国相对而言更加集中，各个维度的贡献率更加均衡合理，我国依然是以经济效益为主导的获利模式，美国则形成了"三驾齐驱"的新型获利模式。

对于综合贸易利得，中国随着年份增加获利越少，美国则是先下降再上升，中国获利降低的主要原因是环境破坏及资源损耗，美国在 2011 年之后，除经济效益不太稳定之外，其余各维度均稳步攀升。中美两国的贸易获利比较可分为三阶段：第一阶段：2000—2009年，势均力敌阶段，这一阶段两国贸易利得不分上下，相互纠缠，但受环境、资源、结构等损失影响，双方获取的利益都在降低；第二阶段：2009—2015年，中国获利阶段，这一时期中国的经济收益和社会收益大幅上涨，对美贸易带来大量的资金流入、就业岗位、技术支持，增加了我国劳动人员的收入，利益分配更偏向中国；第三阶段：2015—2020年，美国获利阶段，这一时期，中国前期过快发展的弊端开始显现，环境和资源损耗拉低获利水平，外加中美贸易战对经济效益的影响，致使中国获利减少，而美国凭借商品的竞争力和贸易产生的社会效益迅速超过中国，分得更多利益。如图3-5所示。

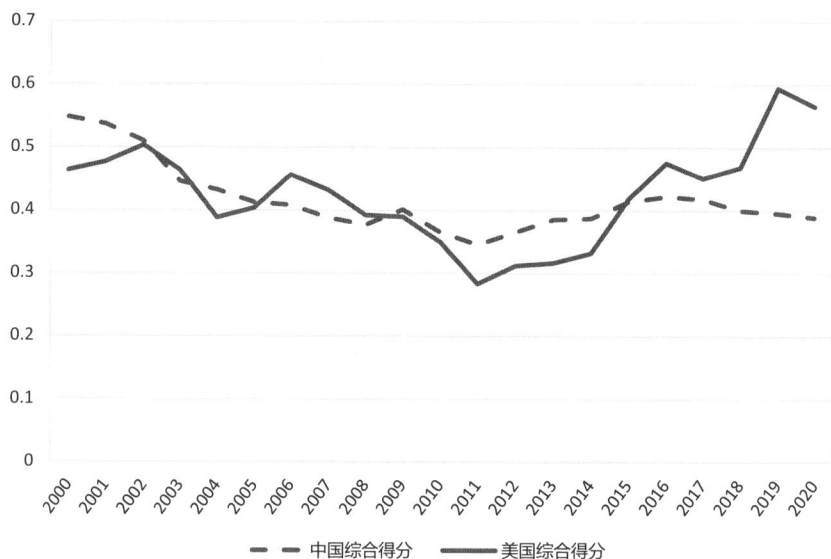

图 3-5　中美两国获利综合得分

（二）中日获利分析

按照同样的计算方法即可得到中日的获利结果，如图3-6、3-7、3-8所示。

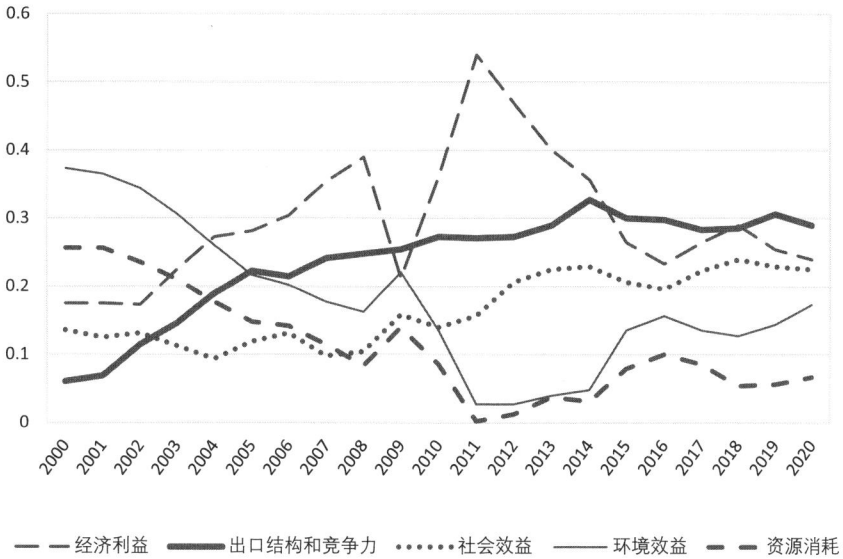

图 3-6　中国各维度获利贡献率（中日双边）

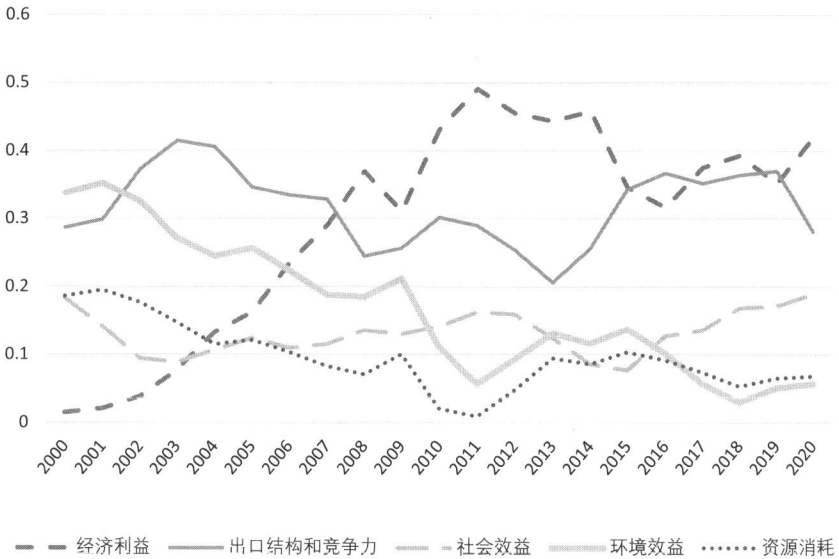

图 3-7　日本各维度获利贡献率（中日双边）

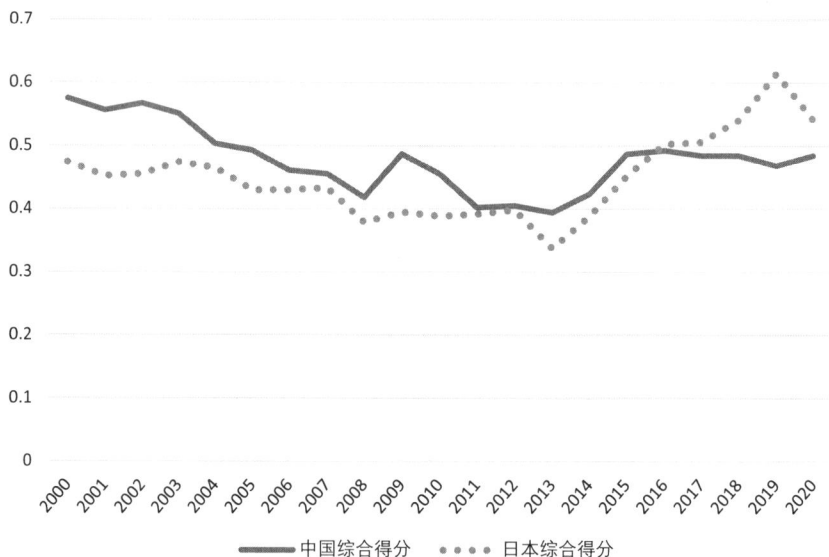

图 3-8　中日两国获利综合得分

1. 经济效益维度贡献度分析

中日两国经济效益维度的贡献率与中日双边贸易关系密切相关。2000—2008 年，为中日贸易关系甜蜜期，中国自加入世界贸易组织之后，开始不断扩大从日本的进口额，中国强大的内需也刺激了日本国内经济的恢复发展，双边在经济维度，获利能力均有增长。2008 年，金融危机造成全球经济震荡，中日贸易受到影响，但随后又快速恢复。2012—2017 年，政治因素造成的双边关系急剧恶化，导致中国经济效益获利大幅减少。2017 年之后，中日关系走出低谷开始升温，之后又随着中国"一带一路"倡议的提出，中日双边贸易又重新焕发活力，合作进入新阶段。

2. 出口结构及竞争力贡献度分析

中国方面，中国的出口结构和贸易竞争力的贡献率持续上涨。由于日本国土面积小，资源和能源匮乏，自产的劳动密集型和资源密集型产品无法满足本土需求量，大量依赖商品进口。因此，21 世纪初期，中国商品出口结构尚不成熟，中国向日本出口了大量的劳动密集型和资源密集型产品，其中，劳动密集型产品在 2000 年高达 54%。之后，随着商品贸易结构的调整和中国生产效率的不断提高，中国对日本出口的商品中，劳动密集型和资源密集型产品占比逐年降低。至 2020 年。劳动密集型占比为 39%，资源密集型占比为 8.5%，同时，资本密集型和高新技术产品占比逐年提升，目前，资本密集型已代替劳动密集型成为出口的主要产品，占比达到 51%，高新技术产品也增长至 26%。

日本方面，出口中国的各类型商品占比变动不大，资本密集型产品是出口主力，占比 74%，高新技术产品占比 32%，但日本在中国进口中的地位日渐下降，日本商品在中国进口所有产品中的份额由 18% 下降至 8%，20 年间减少 10 个百分点，造成日本商品在中国的竞争力降低。

3. 社会效益贡献度分析

中国的社会效益稳步上升，而日本的社会效益波动较大。主要受日本人均国内生产总值和居民消费价格指数的影响。

4. 环境效益贡献度分析

由图 3-4 可以看出环境效益和资源效益的变动趋势与经济效益完全相反，是因为对环境的破坏程度主要受两个因素影响：一是生产效率，二是生产总量。20 年间生产效率的变化幅度不大，因此影响环境效益的主要因素还是中日贸易额，贸易额度越高，生产过程中的废气和废物排放量就越多，故而，环境维度的获利能力就越低。从 416 亿美元增加至 3172 亿美元，增加 6.6 倍。

5. 资源效益贡献度分析

资源效益与环境效益表现基本一致，但贡献率更低，说明中日贸易中的资源损耗更为严重。

6. 综合获利分析

目前中日双边贸易当中，中国的获利能力排名第一位的是出口结构和竞争力，占比 29.2%，经济利益和社会效益紧随其后，分别是 24.2% 和 22.4%，其次是环境效益和资源消耗。日本由于对中国存在巨大贸易顺差，其获利方式还是以经济效益为主，占比 41.7%，贸易结构和竞争力位居第二，占比 27.7%，其次是社会效益、资源消耗和环境效益。

中国和日本利得总体来看都是先降后升，这受中日贸易关系的直接影响。中国在前期获利一直是强于日本的，前期日本所得的经济利益贡献率不大，环境和资源损耗拉低了日本的整体获利。后期日本经济获利能力增强从 2000 年的 0.7% 增长至 2020 年的 41.7%，中国的经济效益获利能力从 2011 年开始衰退，综合获利在 2016 年被日本反超。

（三）中韩、中澳、中俄、中印获利分析

中韩之间的获利分为 2000—2005 年中国获利阶段，2006—2012 年不分上下，2013—2020 年韩国获利阶段。中国对韩国是贸易逆差国，第一阶段中国的环境效益和资源损耗得分高，拉高了中国的综合得分；第二阶段受经济危机影响，两国进出口获利波动较大，获利交替；第三阶段韩国经济恢复向好，对中国的净出口额逐年增大，经济、社会效益利得增高，综合得分更高，如图 3-9 所示。

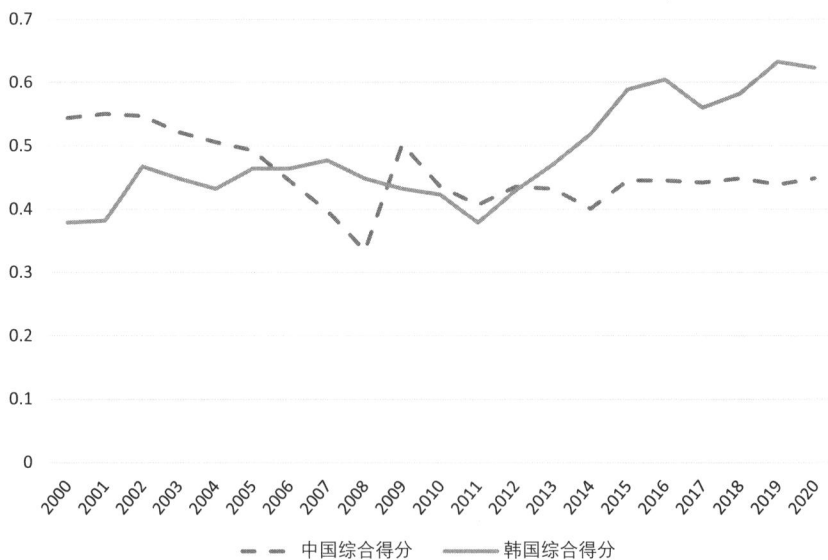

图 3-9　中韩两国获利综合得分

中澳之间的获利与中韩类似，中国也是澳大利亚的进口大国，且贸易逆差飞速增长。中国和澳大利亚之间，2000—2017年很长一段时间是中国获利，2018—2020年澳大利亚超过中国。第一阶段，中国的环境与资源得分高，澳大利亚对中国的大量出口承担了中国部分环境破坏与资源损耗；第二阶段，澳大利亚经济得分增高，反超中国。值得注意的是澳大利亚对中国的商品结构与竞争力一路下跌，是澳对中出口的资本密集型、高新技术产品占比下滑导致，如图3-10所示。

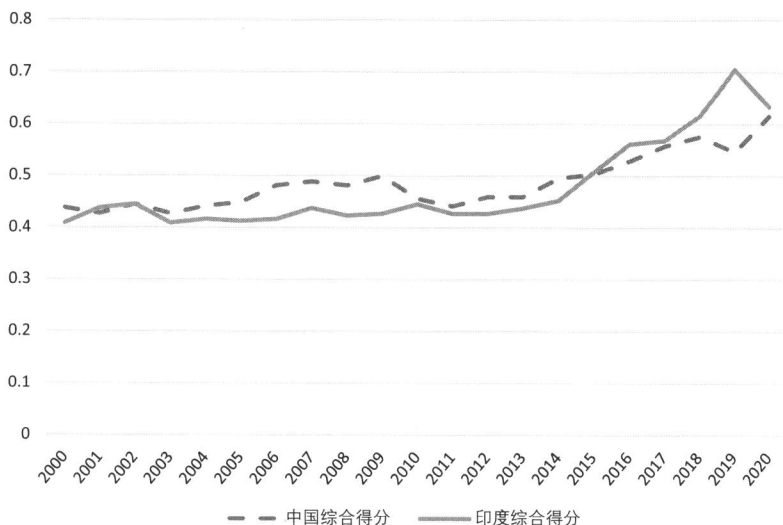

图3-10　中澳两国获利综合得分

20年间，中国对俄罗斯不是单纯的贸易顺差或贸易逆差的关系，中俄获利情况与中韩、中澳有很大不同，2000年是中国获利时期，2001—2002年俄罗斯突然反超中国，2004年俄罗斯获利又突然下滑，在此之后，中国获利一直高于俄罗斯。究其原因，是俄出口中的高新技术产品比例变化大，导致出口结构与竞争力波动过大，该维度贡献率从2000年的63%增长到2001年的80%，之后一路下降到2008年的25.6%，这给俄方的贸易获利造成剧烈波动，之后中与俄的获利基本是平行增长的，如图3-11所示。

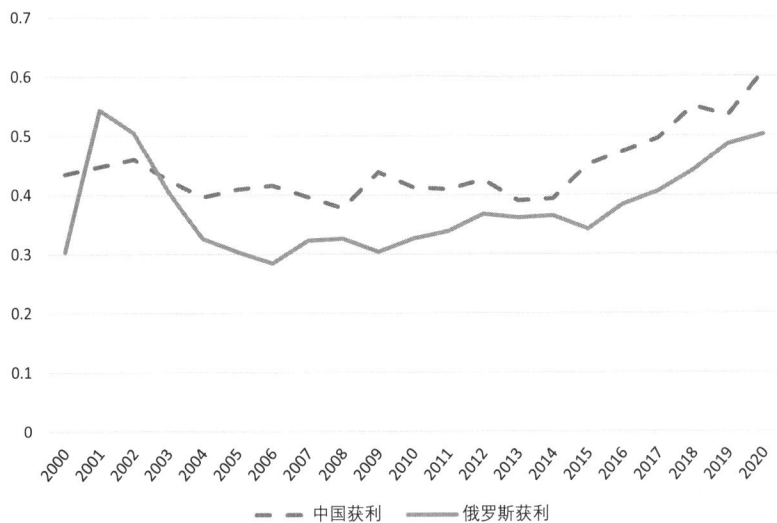

图 3-11　中俄两国获利综合得分

由中印各维度指标的贡献率变化情况可以得知，作为世界排名前列的两大发展中国家，获利得分基本保持一致，二者不分上下，相互交织，共同增长。中国对印度的贸易顺差使得中国在前期的利得稍高于印度，在 2015 年之后被印度反超，如图 3-12 所示。

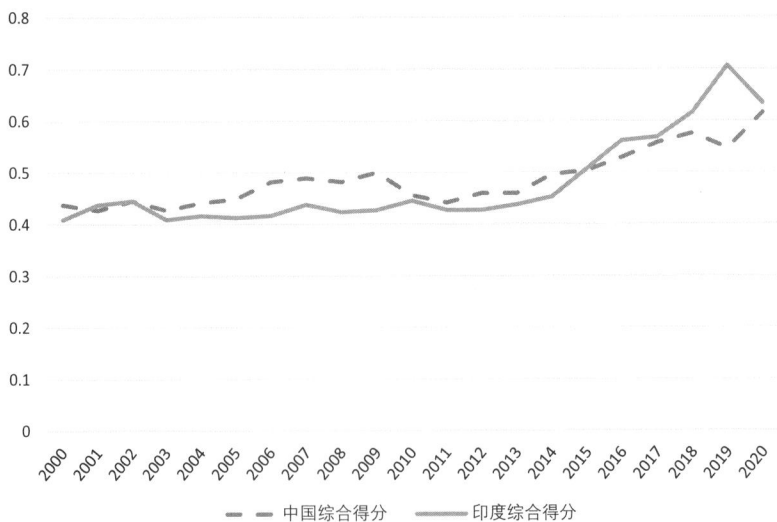

图 3-12　中印两国获利综合得分

四、小结

通过国家间的双边获利分析可以发现，中国与发达国家之间的获利变化存在共性，无论前期如何变动，最后中国获利均低于发达国家，区别在于中国被他国家反超的时间不同。原因可能是中国与发达国家各方面存在实力差距，若是贸易顺差国，前期尚且可以凭借经济效益与之争锋，但随之带来的环境破坏与资源损耗问题始终会拉低整体获利能力；若是贸易逆差国，首先在经济效益上落了下风，而发达国家凭借其长期积累的技术水平与生产效率，出口带来的环境与资源获利损失不会对整体效益造成太大影响。

而中国与发展中国家的获利基本是并行的。我国与其他发展中国家的技术水平、商品结构、生产效率、经济发展阶段等各方面存在共性，获利模式大致相同，因此在除经济效益外的其他维度获利程度相差不大。

第四章
碳排放效率研究

第一节　碳排放效率：测算方法的演进

一、测算碳排放效率的意义

碳排放效率是衡量经济与环境协同效用的关键性指标，提升碳排放效率是实现碳达峰、碳中和目标的一条重要途径，可以说，碳排放效率综合反映了一个国家的经济发展、科技进步和能源利用效率的高低。碳排放效率的改善不仅能反映出中国要降低碳排放的坚定决心，而且从经济层面上意味着我国同发达国家相比，同等条件下的碳排放量所增加的经济财富高于发达国家。因此，做好经济高质量发展的同时实现碳达峰、碳中和的举措之一就是提升碳排放效率。加快提升碳排放效率，缩小我国各省之间的效率差异，是当下社会经济可持续发展的根本问题，也是社会广泛关注的热点话题。

（一）理论意义

在理论价值方面，首先，在衡量我国二氧化碳排放效率的指标选取方面，目前国内外学者大部分对碳排放效率的衡量都采用了两个指标比值这种单要素的效率衡量方式，例如碳生产率、碳排放强度等，也就是将某种变量与二氧化碳排放量之比作为评价标准。这种方式更偏向"要素生产率"而非"效率"。与之不同的是，本书从全要素视角来测算二氧化碳排放效率。全要素视角下的碳排放效率是将投入要素、期望产出、非期望产出即二氧化碳排放纳入同一效率评价体系测算得出的，相比于单要素的效率衡量方式显得更加全面合理。全要素碳排放效率的基本思路是首先对生产技术进行定义，其次利用各个生产单位资本、劳动力、能源等多投入与经济产出数据构造前沿界面，分析生产单位与前沿界面的关系。如果生产单位偏离前沿界面则说明生产单位投入冗余或产出不足，可以进行帕累托改进，再进一步计算能源投入冗余与理想能源投入的关系。因此，理想能源投入与能源投入冗余之比被定义为全要素能源效率。

在测算方法上，本章构建了基于非径向方向距离函数的 NDDF 模型来测量全要素碳排放效率。非径向方向距离函数的优势在于可以对各变量进行不同比例的扩张或压缩，能够直接测算出各变量的松弛量，进而得到不同要素的效率，避免了使用统一扩张或者压缩比例而出现效率测度不准确的问题。

（二）现实意义

在现实意义方面，通过改善碳排放效率的测算方式使得碳排放效率更加准确，为评价我国经济发展和碳减排的双目标提供了科学的衡量指标，为区域优化资源配置，最大限度利用劳动、资本、能源等投入要素来达到碳减排的目的提供了良好的量化依据。目前，我国已经确立了碳达峰和碳中和目标，明确在此期间重点控制化石能源消费和碳排放。我国迫切需要降低碳强度，提升碳排放效率，这就意味着我国要进一步改变传统的粗放发展模式，走集约发展的新路子。

本章改进了碳排放效率的测算方法，进一步提高了测算结果的精确性，为区域节能减排政策的制定与实施提供了科学依据，有助于优化劳动力、资本和能源等要素的配置效率。在政策上，可以为公共政策的制定者提供相关行业的政策分析和绩效评估定量化信息，同时也可以为各国的环境改善提供一个更客观合理的参考标准，并且可以为命令控制型政策向市场激励型政策转型提供有力支持。

二、测算方法的变革

随着全球化程度的加深与人民物质生活的情况不断提高，社会生产量增加是必然趋势，而产量增加势必会造成生产过程中碳排放量的增长，但在当前环境问题日益突出、碳减排迫在眉睫的背景下，提高产量的同时控制或减少碳排放量已是大势所趋。为此，各国通过引进先进生产技术、生产设备等手段提高碳排放效率，为了衡量这些政策是否有显著成效，学者们针对测算碳排放效率提出了不同的方法。针对碳排放效率的测评如图4-1所示，该图描绘了碳排放效率测评方法的发展历程。

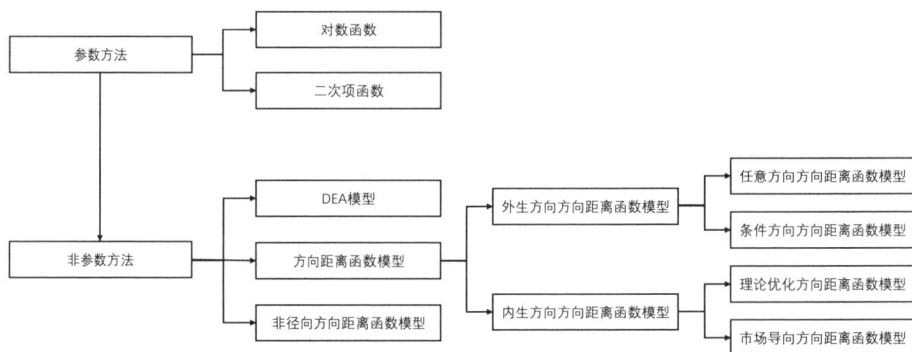

图4-1 碳排放效率测评方法的发展历程

（一）参数方法

通常，在生产过程中，生产期望产出的同时会伴随着二氧化碳等非期望产出的产生，控制非期望产出的方法有两种：一是增加投入来治理非期望产出，但这样做显然会导致成本的增长；二是减少产出，即减少期望产出和非期望产出，但这样做不利于经济发展。Zhou 等（2014）指出，非期望产出的影子价格通常被解释成减少一单位的非期望产出时需减少期望产出的量，即非期望产出的边际减排成本。因此，考虑到非期望产出影子价格的经济意义和现实意义，许多学者用不同的方法对其进行了研究。其中，确定性的参数方法有以下两种：

（1）使用对数函数，如 Lee（2011）研究了韩国燃料发电厂的二氧化碳影子价格，计算出 2007 年发电厂减少一吨二氧化碳要付出的成本，并将其作为边际减排成本为韩国今后的碳排放交易提供参考；因为制造业的能源消耗占中国总能源消耗的 59%，是我国最大的能源消耗行业，Lee 等（2012）测算了中国 30 种制造部门的二氧化碳影子价格，通过部门间的二氧化碳交易，可以让成本节约效率最大，从而研究了各部门潜在的节约成本量。

（2）使用二次项函数，如 Matsushita 等（2011）计算了日本电力部门碳氧化物的影子价格，为日本电力公司加入碳排放交易提供参考，并用 Morishima 模型研究了碳氧化物与低放射性废物的替代性，寻找降低污染的有效途径；Wei 等（2012）研究了中国火力发电企业的二氧化碳边际减排成本，可以反映企业最大的减排能力和潜力，并分析了技术、企业规模和煤炭所占比例等决定因素与二氧化碳影子价格的关系。

（二）非参数方法

由于参数方法需要预先假设，具有一定的局限性，所以学者们更倾向于选择非参数方法来测算碳排放效率。

1.DEA 模型

数据包络分析（DEA）是由 Charnes 和 Cooper 等人在 1978 年首次提出的一种非参数的线性规划方法。在 40 多年的发展过程中，此方法可用来评价一系列同质决策单元（DMUs）的相对有效性；决策单元的投入和产出间有线性、非线性等关系，但具体是哪种类型的关系无需准确确定；具有非参数方法无需进行事先权重假设的特性，且该方法是通过线性规划计算得出的，避免了由于主观因素产生的错误，可以对决策单元进行公平的评价；效率评价结果是通过投入和产出的权重加权得到的，与投入指标和产出指标的量纲无关，可直接使用原始数据。因此，DEA 方法相对传统的非参数方法具有许多优势，DEA 方法在各个领域中能得到广泛应用，比如评价能源效率、碳排放效率、科技创新效率、期刊引证效率等。

（1）DEA 模型的基本概念

一是决策单元（DMUs）。决策单元可以是一个经济系统中的元素，也可以是一个生产过程中的元素，具体可以为工厂、企业、国家等。对某个决策单元投入人力、物力和财力等生产要素，会产生国内生产总值等产出，并希望从这一产出活动中让国内生产总值最大化或者人力、物力和财力最小化，即效益最大化。

在数据包络分析方法中，对决策单元的相对有效性进行评价，首先应确保这些决策单元具备相同的外部环境和相同的内部性质，我们称这些决策单元为同质决策单元，具体为：相同的投入产出指标、相同的目标、相同的活动过程等。另外，需要指出的是，不同时期的同一个决策单元是被视作同类决策单元的。

二是投入（Input）、产出（Output）。投入数据是指决策单元在某种活动中需要消耗的人力、物力和财力等，比如资本投入、劳动力投入、能源投入等。产出数据是决策单元的投入经过一系列生产活动得到的产物，我们希望国内生产总值等期望产出越多越好，或是希望二氧化碳、工业废水、固定废弃物等非期望产出越少越好。

三是生产可能集。生产可能集的定义（PPS）是由 Banker 提出的，假设有 n 个决策单元（DMU），$DMU_j(j=1,2,\cdots,n)$，有 m 个投入，s 个产出，x_{ij} 代表 DMU_j 的第 i 种投入，y_{rj} 代表 DMU_j 的第 r 种产出。那么，生产可能集表示为 $T=\{(x,y)|$ 投入 x 能成产出 $y\}$，且生产可能集满足以下公理：

①凸性公理：如果 $(x,y)\in T,(x',y')\in T$，且 $\theta\in[0,1]$，那么 $\theta(x,y)+(1-\theta)(x',y'))\in T$。表示：如果投入 x 的 θ 倍，x 的 $1-\theta$ 倍，那么产出也是两者相同比例的组合。

②锥性公理：如果 $(x,y)\in T$，$\alpha\geq 0$，那么 $\alpha(x,y)=(\alpha x,\alpha y)\in T$。表示：如果投入 α 倍的 x，将产出 α 倍的 y。

③无效性公理：$(x,y)\in T$，如果 $x'\geq x$，那么 $(x',y)\in T$；如果 $y'\leq y$，那

么 $(x,y')\in T$ 。表示：生产技术等不变，增加投入或者减少产出后，均属于原来的生产可能集。

④最小性公理：生产可能集 T 要同时满足上述假设①—③，是假设①—③中所有集合的交集。

四是生产前沿面。生产前沿面指生产可能集的边界，生产前沿面代表了一种最佳的生产状态，描述了一定的投入要素与期望产出之间的关系，或者非期望产出与最少的投入之间的关系。生产前沿面也是包络生产可能集的一条曲线，这条曲线内的决策单元，不是 DEA 有效单元，它的效率值可表示为真实值到曲线的距离与最佳投入或产出的比值，这条曲线上的决策单元则为 DEA 有效单元，它的效率值为 1。

（2）DEA 模型的研究现状

1978 年，《欧洲运筹学杂志》上刊登了 Charnes，Cooper 和 Rhodes 三位教授著名的数据包络分析（Data Envelopment Analysis，DEA）方法中最经典的 CCR 模型。在 Charnes 等（1978）研究的基础上，Banker，Charnes 和 Cooper 又继续将规模报酬不变的 CCR 模型扩展到了规模报酬可变的 BCC 模型，进一步扩大了 DEA 模型的适用范围。这两个最基本的 DEA 模型为以后的数据包络分析模型的发展奠定了基础。DEA 不需要提前确定投入、产出之间的函数关系，也不用去估计投入、产出的权重参数，避免了对评价结果产生的主观影响。

目前，关于 DEA 模型的研究包括以下几个方面：

一是理论优化方面的研究。理论优化 DEA 模型的目的是寻找适应不同场景下的计算模型，或是适应大数据时代下使用软件求解模型的速度。Ghobadi 等（2020）对一组决策单元进行广义重组，构建了逆 DEA 模型，研究在存在负数情况下为实现效率目标而对决策单元进行的一般性重组。Charmbers（2022）提出了一种加性 DEA 模型的对偶结构，研究 DEA 技术平移的（对偶）支持函数和平移技术对偶极点集的测度。魏宇琪等（2023）提出了一种基于两阶段模型视角下的加性网络 DEA 模型求解方法，该方法解决了大数据环境下加性网络 DEA 模型求解速度慢的问题。Sekitani 和 Zhao（2023）提出了一类非线性 DEA 模型，研究从生产可能性集的弱有效前沿的最小曼哈顿距离，并证明了在这类非线性 DEA 模型中增加一些权重限制可以使最大效率测度满足强单调性。

二是理论与实际案例结合。朱传进与朱南（2023）为了测度商业银行内部经营效率，构建了复杂的 DN—SBM—DEA 模型，该模型既考虑了银行经营的内部过程，又考虑了结转变量的滞后影响。Zhou 和 Mo（2023）使用三阶段 DEA 模型评价 2015—2019 年中国市场的运输货运效率，证实环境保护技术效率是公路货运增长总效率的主要推动力。

2. 方向距离函数的 DEA 方法

基于 Luenberger（1992）的效益函数，Chambers 等（1996）引入了方向距离函数（Directional Distance Function，DDF）。Shephard（1970）的投入距离函数（产出距离函数）可以在产出水平既定的情况下测量投入的最大缩减程度（在投入水平既定的情况下测量产出的最大扩张程度）。DDF 则更具有一般性，它可以测量具有多投入、多产出（期望产出或非期望产出或二者同时存在）生产单元的效率和生产力。不同于距离函数，方向距离函数在测量效率时可以同时考虑期望产出的扩张和投入（或者非期望产出）的缩减。

（1）方向距离函数的基本概念

假定有 n 个 DMU，对于任一 $DMU_j (j=1,2,\dots,n)$ ，$x_{ij} (i=1,2,\dots,m)$ 为消耗的投入，$y_{rj} (r=1,2,\dots,s)$ 为期望产出，$b_{tj} (t=1,2,\dots,p)$ 为非期望产出。那么，包含非期望产出的生产可能集定义如下：

$$T = \{(x,\ y,\ b) \mid 投入\ x\ 可以得到期望产出\ y\ 以及非期望产出\ b\}$$

$$（4.1）$$

不包含非期望产出的生产可能集定义如下：

$$T = \{(x,\ y,\ b) \mid 投入\ x\ 可以得到产出\ y\} \qquad （4.2）$$

生产可能集满足四个性质：

一是凸性。

二是投入和期望产出的强可处置性，即：如果 $(x,y,b)\in T$，$(x',-y')\geqslant(x,-y)$，那么 $(x',y',b')\in T$。

三是非期望产出的弱处置性（Fre 等，2004），即：如果 $(x,y,b)\in T$，并且 $0\leqslant\eta\leqslant1$，那么 $(x,\eta y,\eta b)\in T$。具体来说，期望产出和非期望产出按同一比例缩减之后还在生产可能集之内。换句话说，非期望产出的减少必然伴随着期望产出的减少或者是投入的增加，即减少非期望产出需要付出一定的成本。

四是期望产出和非期望产出的零结合性，即：如果 $(x,y,b)\in T$，并且 $b=0$，那么 $y=0$。具体而言，非期望产出不存在的话，期望产出也就不存在，也可以说在得到期望产出的同时会得到非期望产出。

基于生产可能集（4.2），方向距离函数的一般形式定义如下（Chambers 等，1996a；Chambers 等，1998）：

$$\vec{D}_T\left(x,y,b;g\right)=sup\left\{\beta:\left(x-\beta g_x,y+\beta g_y\right)\in T\right\} \tag{4.3}$$

在定义式中，方向向量 $g=\left(-g_x,g_y\right)\neq 0_{m+s}$，$g_x\in R_+^m$，$g_y\in R_+^s$。在非期望产出存在的情况下，基于生产可能集（4.1），方向距离函数的一般形式定义如下（Chung 等，1997）：

$$\vec{D}_T\left(x,y,b;g\right)=sup\left\{\beta:\left(x-\beta g_x,y+\beta g_y,b-\beta g_b\right)\in T\right\} \tag{4.4}$$

（2）方向距离函数的研究现状

距离函数可以使期望产出和非期望产出同比例变化，而方向距离函数则可以使期望产出增加的同时减少非期望产出。已有文献证实方向向量的选择会影响决策单元的技术效率、规模效率、生产率变化以及非期望产出的影子价格。通过对方向距离函数相关文献的阅读和梳理，方向距离函数的研究主要分为两大类：一种是决策者提前选择方向，称为外生方向方向距离函数模型；另一种则是通过某种内在的机制选择方向，比如成本最小化、利润最大化等，称为内生方向方向距离函数模型。不同的方向选择方法会提供给决策者不同的效率和生产力评价依据，这主要取决于研究者的目的以及技术发展水平（Wang 等，2017）。

一是外生方向方向距离函数模型研究现状。

外生方向方向距离函数模型主要包括任意方向方向距离函数模型以及条件方向方向距离函数模型两种。

任意方向方向距离函数模型。目前在方向距离函数任意方向选择方法中，普遍适用的两类方向包括：

以被评价决策单元的投入 / 产出向量作为方向向量，即 $(-g_x, -g_y) = (-x_k, -y_k), k = 1, 2, \ldots, n$（Chambers 等，1996b）。在方向向量为投入 / 产出向量的情况下，每个决策单元都有自己特定的方向向量，所有决策单元基于各自特定的方向进行效率评价（Kumar，2006；Oh，2010）。

以 $(1, 1, \ldots, 1)_{m+s}$ 作为方向向量（Fre 等，2006）。在这种情况下，所有的决策单元具有相同的方向向量，并基于这同一方向向量进行效率评价。

以上两种方向距离函数模型不需要对方向向量进行任何特定的假设，但是存在一些缺点：首先，以上两种方向向量的选择没有特定的经济含义、政策意义以及理论依据；其次，在投入冗余或产出不足的情况下，方向向量的任意选择会高估被评价决策单元的效率；再次，以投入 / 产出作为方向向量，所有偶决策单元的评价标准不统一；最后，如果以 $(1, 1, \ldots, 1)_{m+s}$ 作为方向向量对决策单元进行效率评价的话，效率值不具备单位不变性（Wang 等，2017）。

条件方向方向距离函数模型。通过设定具体的评价情景，比如影子价格的度量，使所有被评价决策单元具有可比性、政策意义等，基于某种条件选择方向距离函数模型是对任意方向距离函数模型的进一步扩展。Lee 等（2002）运用环境以及产品的年计划作为方向向量，测量生产过程中污染物的影子价格，同时考虑了污染物的处理计划。Dervaux 等（2009）和 Simar 等（2012）分别采用所有方向距离函数的投入 / 产出的平均值作为方向向量，与投入 / 产出导向模型相比，增强了所有决策单元的可比性。Njuki 和 Bravo-Ureta（2015）以环境管理为准则，选择 $(1, 1, \ldots, 1)_{m+s}$ 为方向向量同时实现期望产出和非期望产出的增减。Wang 等（2017）指出尽管基于条件选择的方向距离函数模型避免了任意方向方向距离函数模型中方向向量选取的随意性，但是条件方向方向距离函数仍然缺少一些经济含义或理论基础。

二是内生方向方向距离函数模型研究现状。

任意方向方向距离函数模型和条件方向方向距离函数模型需要决策者根据自己的研究目的提前假定方向向量，因此评价结果的客观性和合理性会受到一定的影响。基于理论优化的方向距离函数模型和市场导向方向的方向距离函数模型则解决了这一问题。

理论优化方向距离函数模型。理论优化方向距离函数模型通常是寻找无效决策单元到前沿面的一个特定投影点。与之前方向距离函数模型不同的是，理论优化方向距离函数模型是基于一种理论基础选择方向向量，因此，这类方向距离函数模型更为合理。基于此，Frei 和 Harker（1999）首次提出最小范数模型来测量无效决策单元到支撑性超平面（非前沿面）的距离，如果该超平面与前沿面是分开的，那么该模型就无法提供一个准确的效率值。随后，Baek 和 Lee（2009）提出最短距离模型来测量无效决策单元到前沿面的最短距离，在前沿面上找到与被评价决策单元最接近的目标值。与之相反，Fre 和 Grosskopf（2010）以及 Adler 和 Volta（2016）分别提出加性方向距离函数模型来度量无效决策单元到前沿面的最远距离。相较于最近距离函数模型，最远距离函数模型可以帮助无效决策单元找到最大的改进空间，因此具有更高的可信度。然而，即便无效决策单元可以找到自己的最大可能改进潜能，由于受到实际生产水平的现值，无效决策单元并不能实现这一改进。

市场导向方向距离函数模型。市场导向方向距离函数模型综合考虑了理论优化方向以及一些特殊的经济含义，比如成本最小化、利润最大化以及边际成本最大化等。以成本最小化为例，Ray 和 Mukherjee（2000）构建了成本前沿面，将被评价决策单元的投入成本信息考虑在内，寻找使成本最小的方向。成本最小化方向距离函数模型得到的效率值可以帮助企业制定生产计划以及进行投资决策。考虑到每个决策单元希望实现利润最大化这一目标，

Zofio 等（2013）提出基于利润效率的方向距离函数模型，该模型可以帮助无效决策单元投影到前沿面最近的利润最大化目标值，但是利润最大化方向距离函数模型得到的目标值随时间产生变化，因此该模型得到的目标值是不固定的。在投入成本以及产出价格信息确定的情况下，Lee（2014）提出边际生产力方向距离函数模型，该模型基于边际利润最大化方向对决策单元进行评价。

3.SBM 模型

（1）SBM 模型的基本概念

在传统 DEA 模型中，无效决策单元通过同比例减少所有投入（投入导向）或者同比例扩张所有产出（产出导向）以达到有效状态，因此传统 DEA 模型也成为径向模型。然而，通常情况下并不是所有投入产出都要按照同比例变化。传统径向 DEA 模型的另一个不足在于其测量决策单元效率时并没有将投入/产出松弛考虑在内，在很多情况下我们发现会有非径向松弛的存在，也就是说决策单元在改进时除了径向比例改进之外还可能存在松弛非比例改进。如果投入/产出松弛在评估决策单元效率时起到非常重要的作用的话，单元使用传统径向 DEA 模型得到的效率作为被评价决策单元的绩效指标则会在某种程度上误导决策者。

为了测量决策单元的效率同时将其投入/产出松弛考虑在内，Tone（2001）提出一种非径向的 DEA 测量方法，即 SBM 模型。其中，非导向 SBM 模型如下：

$$\rho^* = \min \frac{1 - \frac{1}{m}\sum_{i=1}^{m}\frac{s_{ik}^-}{x_{ik}}}{1 + \frac{1}{s}\sum_{r=1}^{s}\frac{s_{rk}^-}{y_{rk}}} \tag{4.5}$$

满足如下约束条件：$\sum_{j=1}^{n}\lambda_j x_{ij} + s_{ik}^- = x_{ik}, i = 1, 2, \cdots, m$ \tag{4.6}

$$\sum_{j=1}^{n} \lambda_j y_{rj} + s_{rk}^+ = y_{rk}, r = 1, 2, \cdots, s \qquad (4.7)$$

$$\lambda_j \geqslant 0, j = 1, 2, \cdots, n \qquad (4.8)$$

$$s_{ik}^-, s_{rk}^+ \geqslant 0, \forall i, r \qquad (4.9)$$

记公式（4.5）的最优解为 $\left(\rho^*, s_{ik}^{-*}, s_{rk}^{+*}, \lambda_j^*, \forall i, r, k \right)$。其中，$\rho^*$ 测量了 DMU 的效率，s_{ik}^{-*} 和 s_{rk}^{+*} 分别代表被评价 DMU 的投入松弛和产出松弛。当 $\rho^* = 1$ 时，即 $s_{ik}^{-*} = s_{rk}^{+*} = 0, \forall i, r$，被评价 DMU 称为 SBM 有效。由于模型（4.5）是非线性的，因此可以通过 Charnes–Cooper 转化为以下线性形式求解：

$$\tau^* = \min \tau = t - \frac{1}{m} \sum_{i=1}^{m} \frac{s_{ik}^-}{x_{ik}} \qquad (4.10)$$

满足如下约束条件：$\dfrac{1}{s} \sum_{r=1}^{s} \dfrac{S_{rk}^+}{y_{rk}} + t = 1 \qquad (4.11)$

$$\sum_{j=1}^{n} \Lambda_j x_{ij} + S_{ik}^- = t x_{ik}, i = 1, 2, \cdots, m \qquad (4.12)$$

$$\sum_{j=1}^{n} \Lambda_j y_{rj} + S_{rk}^+ = t y_{rk}, r = 1, 2, \cdots, s \qquad (4.13)$$

$$\Lambda_j \geqslant 0, j = 1, 2, \cdots, n \qquad (4.14)$$

$$S_{ik}^-, S_{rk}^+ \geqslant 0, t > 0, \forall i, r \qquad (4.15)$$

公式（4.10）的最优解为 $\left(\tau^*, \Lambda_j^*, S_{ik}^{-*}, S_{rk}^{+*}, t^*, \forall i, r, k \right)$，那么模型（4.5）的最优解为：

$$\rho^* = \tau^*, \lambda_j^* = \frac{\Lambda_j^*}{t^*}, s_{ik}^{-*} = \frac{S_{ik}^{-*}}{t^*}, s_{rk}^{+*} - \frac{S_{rk}^{+*}}{t^*}, \forall i, r, k \qquad (4.16)$$

（2）SBM 模型的研究现状

传统径向 DEA 模型在对决策单元进行效率评价时只考虑所有投入或者产出的改进比例，即无效决策单元通过所有投入同比例缩减或所有产出同比例增加以达到前沿面，而忽略了可能存在非比例变动的情况，即松弛改进。尽管 Charnes 等（1985）提出加性 DEA 模型将投入和产出松弛考虑在效率测量当中，但是该模型只能根据松弛大小将所有决策单元区分为有效和无效两类，而无法进一步得到各个决策单元得到具体效率值。因此，Tone（2001）提出 SBM 模型，该模型在对决策单元进行效率评价时将投入和产出松弛考虑在内。

SBM 模型的研究主要包括以下三个方面：

一是纯理论模型的研究，即 SBM 模型的方法改进。Tone（2002）提出超效率 SBM 模型在对决策单元进行评价时只得到有效决策单元大于 1 的超效率值，而无效决策单元的超效率值仍然需要 SBM 模型求解。Sharp（2007）以 $x_{ik} - \min_j\{x_{ij}\}$ 和 $\max_j\{y_{rj}\} - y_{rk}$ 分别替代目标函数中的 x_{ik} 和 y_{rk}，从而提出一种变形的 SBM 模型以对投入/产出可能具有负值的决策单元进行效率评价。为了更好地评价现实生产活动，Tone 和 Tsutsui（2009）提出网络 SBM 模型，将单一阶段的 SBM 模型扩展到更多阶段，随后，Tone 和 Tsutsui（2010）将动态 DEA 结合的思想与 SBM 结合，提出动态 SBM 模型。

二是纯应用模型的研究，即运用成熟的 SBM 模型对现实生活中的案例进行绩效评价。Choi 等（2012）应用 SBM 模型来评价中国各省份的能源效率以及二氧化碳排放的影子价格。Yu（2010）则采用网络 DEA—SBM 模型评价机场效率。

三是理论模型与实际案例结合，即针对现实案例对已有 SBM 模型进行改进或创新以应用到实际案例当中。Tsutsui 和 Goto（2009）采用加权 SBM 模型对美国电厂的绩效进行评价。Lozano 等（2011）在评价机场效率时考虑了非期望产出，即航班延误百分比和平均延误航班数，并运用可以处理非期望的 SBM 模型对该案例进行效率评价。

4. 非径向方法

由于方向距离函数又有径向和非径向之分，径向的方法区别力通常较低，有效的决策单元个数较多，且可获得被评单元投入的最大节约潜力、期望产出的最大增加潜力、非期望产出的最大减少潜力，用松弛来表示。

为了对比径向和非径向方法的不同，笔者以 SBM 模型这个简单的非径向方法与径向方法进行对比，假设某个投入（如资本投入）和其他投入一起生产相同的产出，如图 4-2 所示，折线是生产前沿面，点 c 不在前沿面上，不是有效点。径向方法的做法是将点 c 投影到点 a，ac 通过原点，那么 a 点的效率值为 oa/oc，代表了所有投入的效率值，并不能提供某项投入的效率值。SBM 模型作为一种非径向的方法，为了找到最大的松弛会投影到距离前沿面最远的点从而得出投入冗余或产出不足，用松弛变量来表示，假设 c 点距前沿面最远的点是点 b，纵坐标代表能源投入，那么能源投入的冗余为 df，也就是能源的最大减少潜力，那么效率值为 od/of，显然小于 oa/oc（即 oe/of）。

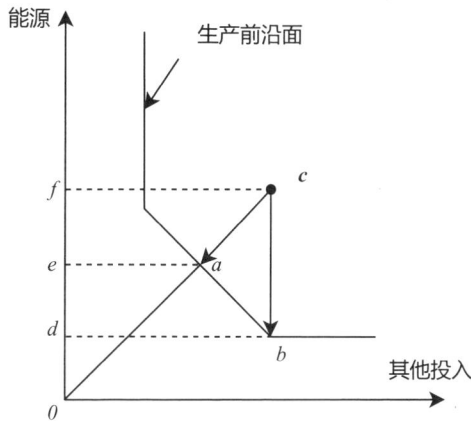

图 4-2 径向方法与 SBM 模型对比

第二节 碳排放效率的测算
——基于非径向方向距离函数

一、非径向方向距离函数的理论基础

由于非径向效率措施的优势，在能源和环境绩效的测量中，经常提倡使用非径向效率措施来克服这一限制。根据 Zhou 等（2012）的研究，我们对非径向 DDF 的定义如下：

$$\vec{D}(K,L,E,Y,C;g) = \sup\left\{\omega^T \beta : [(K,L,E,Y,C) + g \times diag(\beta)] \in T\right\} \qquad （4.17）$$

其中，$\omega^T = (\omega_K, \omega_L, \omega_E, \omega_Y, \omega_C)^T$ 表示输入与产出相关的权重向量；$g = (-g_K, -g_L, -g_E, -g_Y, -g_C)$ 代表方向向量；$\beta = (\beta_K, \beta_L, \beta_E, \beta_Y, \beta_C)^T \geq 0$ 代表缩放因子向量，表示每个输入/输出的单个低效率度量的缩放因子向量。

在此基础上，我们构建全要素非径向距离函数（NDDF）：

$$\vec{D}_T(K,L,E,Y,C;g) = \max \omega_K \beta_K + \omega_L \beta_L + \omega_E \beta_E + \omega_Y \beta_Y + \omega_C \beta_C \qquad （4.18）$$

满足如下约束条件：

$$\sum_{i=1}^{n} z_i K_i \leq K - \beta_K g_K \qquad （4.19）$$

$$\sum_{i=1}^{n} z_i L_i \leq L - \beta_L g_L \qquad （4.20）$$

$$\sum_{i=1}^{n} z_i E_i \leq E - \beta_E g_E \qquad （4.21）$$

$$\sum_{i=1}^{n} z_i Y_i \geq Y + \beta_Y g_Y \qquad （4.22）$$

$$\sum_{i=1}^{n} z_i C_i = C - \beta_C g_C \qquad （4.23）$$

其中：$z_i \geq 0; i = 1,2,\cdots,n$；$\beta_K, \beta_L, \beta_E, \beta_Y, \beta_C \geq 0$。

因为有三个输入、一个理想产出和一个非理想产出，我们将权重向量设置为 $\left(\frac{1}{9}, \frac{1}{9}, \frac{1}{9}, \frac{1}{3}, \frac{1}{3}\right)$，将方向向量设置为 $g = (-K, -L, -E, Y, -C)$。将其代入上式，通过线性求解得到 $\beta_j = (\beta_{jK}, \beta_{jL}, \beta_{jE}, \beta_{jY}, \beta_{jC})$，即第 j 个省（区、市）能源效率松弛变量的最优解。

Zhou 等（2012）的研究将能源效率指数定义为实际能源效率与潜在目标能源效率之比，将碳绩效指数定义为潜在碳强度与实际碳强度之比。Sueyoshi 等（2011）将统一效率定义为所有个人效率低下的平均值，从统一中减去每个因素。在这里，我们将一个省的能源效率统一指数（UEI）定义为每个因素的平均效率。则 TEI 可以表示如下：

$$UEI = \frac{\frac{1}{4}\left[\left(1-\beta_{jK}\right)+\left(1-\beta_{jL}\right)+\left(1-\beta_{jE}\right)+\left(1-\beta_{jC}\right)\right]}{1+\beta_{jY}} = \frac{1-\frac{1}{4}\left(\beta_{jK}+\beta_{jL}+\beta_{jE}+\beta_{jC}\right)}{1+\beta_{jY}}$$

（4.24）

然后，为了测算某省能源效率中的纯环境性能，我们引入能源-环境非径向距离函数（ENDDF）。Hu 等和 Li 等认为，在资本和劳动输入保持不变的情况下，能源输入与理想产出的最大可张比例以及能源输入与非理想产出的最大可缩减比例是不断提高的。因此，我们将权重向量设置为 $\left(0,0,\frac{1}{3},\frac{1}{3},\frac{1}{3}\right)$，相应的将方向向量设置为 $g=\left(0,0,-E,Y,-C\right)$，构建如下模型：

$$\vec{D}_T\left(K,L,E,Y,C;g\right) = \max \omega_E\beta_E + \omega_Y\beta_Y + \omega_C\beta_C$$

$$s.t. \sum_{i=1}^{n} z_i K_i \leqslant K$$

$$\sum_{i=1}^{n} z_i L_i \leqslant L$$

$$\sum_{i=1}^{n} z_i E_i \leqslant E - \beta_E g_E$$

$$\sum_{i=1}^{n} z_i Y_i \geqslant Y + \beta_Y g_Y$$

$$\sum_{i=1}^{n} z_i C_i = C - \beta_C g_C$$

$$z_i \geqslant 0; n = 1,2,\cdots,n$$

$$\beta_E, \beta_Y, \beta_C \geqslant 0$$

（4.25）

通过线性求解得到 $\beta_j = \left(\beta_{jE}, \beta_{jY}, \beta_{jC}\right)$，我们可以将能源-环境性能指标（EEPI）表示为：

$$EEPI = \frac{\frac{1}{2}\left[\left(1-\beta_{jE}\right)+\left(1-\beta_{jC}\right)\right]}{1+\beta_{jY}} = \frac{1-\frac{1}{2}\left(\beta_{jE}+\beta_{jC}\right)}{1+\beta_{jY}}$$

（4.26）

显然，UEI 和 EEPI 均位于 0 与 1 之间。UEI（EEPI）越高，则统一（能源-环境）性能越好。如果 UEI（EEPI）=1，则观测结果反映了位于前沿的最佳统一（能源-环境）效率。

二、Malmquist-Luenberger 指数

在考虑时间因素时，经常用到的方法有 DEA 方法和 Malmquist 指数，Toshiyuki 等人应用 DEA 方法测评了 1995—2007 年美国燃煤发电厂的环境效率；Wang 等人应用 DEA 方法测评了 2000—2008 年中国 29 个省（区、市）的能源环境效率，Zhou 等人引入 Malmquist 指数来评测世界二氧化碳排放前 18 的国家在 1997—2004 年的排放效率，发现碳排放效率的提高主要依靠技术进步实现；Toshiyuki 等人应用 Malmquist 指数测评了 2005—2009 年中国石油行业碳排放效率随时间的变化情况，发现它们的环境效率通过生态技术的改进得到了提高。

与 Malmquist 指数不同的是，Malmquist-Luenberger（*ML*）指数用于方向距离函数，在方向距离函数的基础上可以构建 *ML* 指数。Zhang 等人（2011）通过方向距离函数，求出 1989—2008 年中国省际 *ML* 指数及分解指数，对比了考虑和不考虑非期望产出情况下全要素生产率随时间的变化，指出考虑非期望产出更符合实际，并得出严格实施环境管制可以提高 *ML* 指数的结论。Arabi 等人（2014）提出新的基于松弛变量的 SBM 模型，用模型求出 *ML* 指数及其分解指数，分析了伊朗发电厂 2003—2010 年改革阶段的效率变化和技术变化，研究发现技术变化有利于综合效率提高。

（一）Malmquist 指数

为了便于理解分解指数中的技术变化和效率变化，在介绍 *ML* 指数之前，先简单介绍 Malmquist 指数。

假设横坐标为非期望产出，纵坐标为期望产出，如图 4-3 所示。假设 OABC 区域代表 *t* 时期的环境 DEA 技术，$OA'B'C'$ 代表 *t*+1 时期的环境 DEA 技术，点 *M* 和点 *N* 代表使用相同的投入而产生不同数量的产出的某个被评单元 *i*，那么被评单元 *i* 从 *t* 时期到 *t*+1 时期的效率变化为 $\dfrac{DM/DF}{GN/GH}$，技术变化

为 $\left[\dfrac{DM/DE}{DM/DF}\times\dfrac{GN/GH}{GN/GK}\right]^{\frac{1}{2}}=\left[\dfrac{DF}{DE}\times\dfrac{GK}{GH}\right]^{\frac{1}{2}}$。因此，效率变化其实是追赶效应，即反映被评单元 i 从 t 时期到 $t+1$ 时期，生产技术的改变。

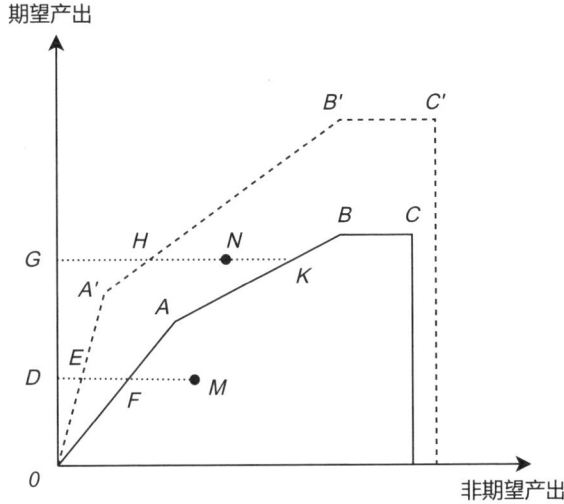

图4-3 Malmquist 指数

（二）Malmquist-Luenberger 指数

本章考虑投入、期望产出和非期望产出的综合 Malmquist-Luenberger 指数（$MLCPI$），$MLCPI$ 可以分析综合效率的变化情况，具体指数形式为：

$$MLCPI_t^{t+1}=\left[\frac{\left(1+\vec{D}^{t+1}\left(x^t,y^t,b^t;\vec{g}\right)\right)}{\left(1+\vec{D}^{t+1}\left(x^{t+1},y^{t+1},b^{t+1};\vec{g}\right)\right)}\times\frac{\left(1+\vec{D}^{t}\left(x^t,y^t,b^t;\vec{g}\right)\right)}{\left(1+\vec{D}^{t}\left(x^{t+1},y^{t+1},b^{t+1};\vec{g}\right)\right)}\right]^{\frac{1}{2}} \quad（4.27）$$

$MLCPI$ 可以分解为技术变化与效率变化：

$$MLtech_t^{t+1}=\left[\frac{\left(1+\vec{D}^{t+1}\left(x^t,y^t,b^t;\vec{g}\right)\right)}{\left(1+\vec{D}^{t}\left(x^t,y^t,b^t;\vec{g}\right)\right)}\times\frac{\left(1+\vec{D}^{t+1}\left(x^{t+1},y^{t+1},b^{t+1};\vec{g}\right)\right)}{\left(1+\vec{D}^{t}\left(x^{t+1},y^{t+1},b^{t+1};\vec{g}\right)\right)}\right]^{\frac{1}{2}} \quad（4.28）$$

$$MLeffch_t^{t+1} = \frac{1+\vec{D}^t\left(x^t, y^t, b^t; \vec{g}\right)}{1+\vec{D}^{t+1}\left(x^{t+1}, y^{t+1}, b^{t+1}; \vec{g}\right)}$$

（4.29）

由上可知，$MLCPI$ 一定大于 0，若 $MLCPI_t^{t+1} > 1$ 说明被评单元从 t 时期到 $t+1$ 时期的综合效率提高，$MLCPI_t^{t+1} < 1$ 说明被评单元从 t 时期到 $t+1$ 时期的综合效率下降；若 $MLtech_t^{t+1} > 1$ 说明被评单元从 t 时期到 $t+1$ 时期的技术有所进步，$MLtech_t^{t+1} < 1$ 说明被评单元从 t 时期到 $t+1$ 时期的技术有所退步；若 $MLtech_t^{t+1} > 1$ 说明被评单元从 t 时期到 $t+1$ 时期距离前沿面更近，$MLeffch_t^{t+1} < 1$ 说明被评单元从 t 时期到 $t+1$ 时期距离前沿面更远。

第三节　国家间碳排放效率的横向比较

一、指标选取

本节研究样本包含中国、美国、日本、俄罗斯、韩国、澳大利亚，时间跨度为 2000—2014 年。数据大部分来源于世界银行数据库（https：//data.worldbank.org/），其余部分数据来源于国家统计局网站。

1. 投入指标

（1）资本投入（K）

根据各省的固定资产投入的比例，以资本存量代替资本投入（K），采用永续盘存法计算历年资本存量：

$$K_t = \left(1 - \delta_t\right)K_{t-1} + I_t$$

（4.30）

其中，K 代表资本存量，δ 代表折旧率，I 代表固定资产投资。

采用张军的计算方法确定资本存量 K，将折旧率 δ 设定在 10%，并固定资本形成总额作为投资 I，以 2000 年为基期进行计算。

（2）劳动力投入（L）

采用国家统计局网站中公布的劳动力人口作为劳动力投入指标。

（3）能源投入（E）

以世界银行数据库中公布的能源使用数据表示。

2.产出指标

（1）国内生产总值产出（Y）

理想产出指标国内生产总值（Y）以世界银行数据库中公布的各国每年的国内生产总值折算为现价美元表示。

（2）碳排放量产出（C）

非理想产出指标碳排放量产出（C）以世界银行数据库中公布的各国每年的碳排放量表示。

二、国家间计算指标描述性统计

表4-1展示了各国投入产出指标基本情况。

表4-1　各国投入产出指标基本情况

国家	指标	资本存量（亿美元）	劳动力（万人）	能源消耗（美元/千克石油当量）	国内生产总值（亿美元）	碳排放（千吨）
中国	最大值	205753.41	79690.00	5.61	104756.25	10021043.40
	最小值	20373.19	73884.00	3.25	12113.32	3346525.80
	平均值	78999.63	76729.47	4.27	45425.58	6778769.01
美国	最大值	267893.60	15891.03	7.92	175506.80	5775807.20
	最小值	148128.43	14601.38	4.51	102509.48	4956053.00
	平均值	210810.43	15366.44	6.17	138206.07	5472875.21

续表

国家	指标	资本存量（亿美元）	劳动力（万人）	能源消耗（美元/千克石油当量）	国内生产总值（亿美元）	碳排放（千吨）
日本	最大值	124724.59	6749.18	11.40	62723.63	1267376.20
	最小值	111587.80	6534.04	6.68	41828.45	1102386.20
	平均值	117171.40	6640.69	8.75	50481.03	1199499.35
韩国	最大值	28926.07	2739.67	6.68	14843.18	600316.30
	最小值	12314.47	2297.64	4.63	5476.58	447237.30
	平均值	19725.06	2498.42	5.90	9953.21	519369.98
澳大利亚	最大值	25107.22	1232.06	8.79	15763.30	395993.20
	最小值	7845.32	956.79	4.67	3793.58	339422.80
	平均值	14075.44	1096.61	6.41	9128.30	374660.15
俄罗斯	最大值	25637.56	7602.92	5.29	22924.70	1699083.20
	最小值	3016.55	7284.54	2.07	4303.47	1546666.40
	平均值	12665.84	7507.49	3.84	14241.13	1618098.23

资本存量方面，美国的平均资本存量最多，约为210810.43亿美元，其次为日本，约为117171.40亿美元，俄罗斯的平均资本存量最少，约为12665.84亿美元，是美国资本存量的5.89%左右，其次为澳大利亚，约为14075.44亿美元，是美国资本存量的6.55%左右。不同地区的国家受到人口、环境、产业结构、历史积累等方面的影响，其资本存量也有所不同。

劳动力方面，中国的平均劳动人口数最多，约为76729.47万人，第二是美国，约为15366.44万人，第三是日本，约为6640.69万人，澳大利亚的平均劳动人口数量最少，约为1096.61万人，是中国劳动人口的1.43%左右。劳动人口数据显示，经济发达的国家，劳动人口数量相对较低，而在经济较落后国家，劳动人口数量相对较多，这也影响了发达国家倾向于将低端制造业工厂建设在经济落后地区，虽然在一定程度上促进了当地的经济增长，为当地人口提供了丰富的就业岗位，但也在一定程度上导致了碳排放的转移。

能源消耗方面，在国家层面上，日本的平均能源消耗最多，约为 8.75 美元 / 千克石油当量，其次是澳大利亚，约为 6.41 美元 / 千克石油当量，俄罗斯的平均能源消耗最少，约为 3.84 美元 / 千克石油当量，是日本平均能源消耗的 43.89%。能源消耗受制于经济结构、能源强度等因素的影响，日本的自然资源和能源相对于其他国家较为匮乏，其国内所需要的大部分能源依赖于进口，而且，日本在能源方面较为依赖石油，石油在日本的能源消费总量中超过 50%，其能源消费构成较为单一，而能源消耗较少的比如中国、俄罗斯等国家，其国内拥有丰富的自然资源和能源，且能源消费结构多样化明显，倾向于使用新能源，这也在一定程度上减少了碳排放量。

国内生产总值方面，美国平均每年产生的国内生产总值最多，约为 138206.07 亿美元，其次为日本，约为 50481.03 亿美元，澳大利亚平均每年产生的国内生产总值最少，约为 9128.30 亿美元，是美国平均国内生产总值的 6.6% 左右。现代社会的国内生产总值增长主要依靠第三产业的发展，如美国等发达国家第三产业国内生产总值占比超过 70%，而澳大利亚的国内生产总值增长主要依靠农业和制造业，且澳大利亚的人口数量较少，所以导致了澳大利亚年均国内生产总值排名靠后。

碳排放方面，中国平均每年产生的碳排放量最多，约为 6778769.01 千吨，其次是美国，约为 5472875.21 千吨，澳大利亚平均每年产生的碳排放量最少，约为 374660.15 千吨，是中国平均碳排放量的 5.53% 左右。碳排放受到如人口数量、环境变化、经济发展等多种因素的共同影响，很难从碳排放量这单一指标进行比较。

三、国家间能源效率指标测算

由模型（4.10）和模型（4.12）可得到 2000 —2014 年中俄、中日、中韩、中澳和中美双边国家间碳排放效率测评值，具体值如表4-2所示。

表4-2　2000—2014年双边国家能源效率测评值

测评值	能源-环境性能指标（EEPI）	能源效率统一指数（UEI）	能源-环境性能指标（EEPI）	能源效率统一指数（UEI）
双边国家	中国		俄罗斯	
最大值	1.0000	1.0000	1.0000	1.0000
最小值	0.4938	0.4938	0.8953	0.8953
平均值	0.7705	0.7705	0.9726	0.9733
双边国家	中国		日本	
最大值	1.0000	1.0000	1.0000	1.0000
最小值	0.2719	0.2719	0.9898	0.9898
平均值	0.6689	0.6179	0.9993	0.9993
双边国家	中国		韩国	
最大值	0.4061	0.4061	1.0000	1.0000
最小值	0.2554	0.2554	0.8834	0.8880
平均值	0.2993	0.2992	0.9725	0.9733
双边国家	中国		澳大利亚	
最大值	0.3051	0.3051	1.0000	1.0000
最小值	0.2037	0.2037	0.8832	0.8847
平均值	0.2387	0.2395	0.9661	0.9661
双边国家	中国		美国	
最大值	1.0000	1.0000	1.0000	1.0000
最小值	0.8002	0.7810	0.9725	0.9696
平均值	0.9097	0.9072	0.9911	0.9900

表4-2的数据显示：

（1）中美之间的平均碳排放效率较为接近，其平均 UEI 和 EEPI 指标相差不大，但具体来看，中国的 UEI 指标最小值为 0.7810，远低于美国 UEI 的最小值 0.9696，说明中国的碳排放效率依然低于美国，具有一定的发展空间。

（2）中韩、中澳之间的平均碳排放效率值差距较大，澳大利亚拥有丰富的自然资源，韩国掌握着全球顶尖的生产技术和生产设备，在生产方面的能源消耗量不多，且能源利用率较高。中国虽然拥有丰富的自然资源，但在能源利用方面，依旧需要多向这类发达国家学习，努力提升本国的能源利用率，并推进使用清洁能源，从而达到实现降低碳排放效率的目的。

图 4-4 至图 4-13 显示，发达国家如美国、日本等国家的碳排放效率指标在 2000—2014 年期间普遍于 0.8—1.0 间波动，可以认为其碳排放效率处于双边国家中的前沿水平，而中国作为发展中国家且为人口大国，其碳排放效率指标在 2000—2014 年期间普遍低于发达国家，可以认为其碳排放效率处于较低水平。碳排放效率与一国的经济发展水平、产业结构、劳动人口数等因素息息相关，中国作为发展中国家，一直在经济发展方面努力追赶发达国家，在节能环保方面有缺失，但随着时代发展，中国逐渐意识到环保的重要性，开始制定各类节能减排政策。以中俄双边国家对比为例，从 2010 年起，中国的碳排放效率开始逐渐升高并逐渐与俄罗斯齐平，表明中国的减排政策取得了一定成效。

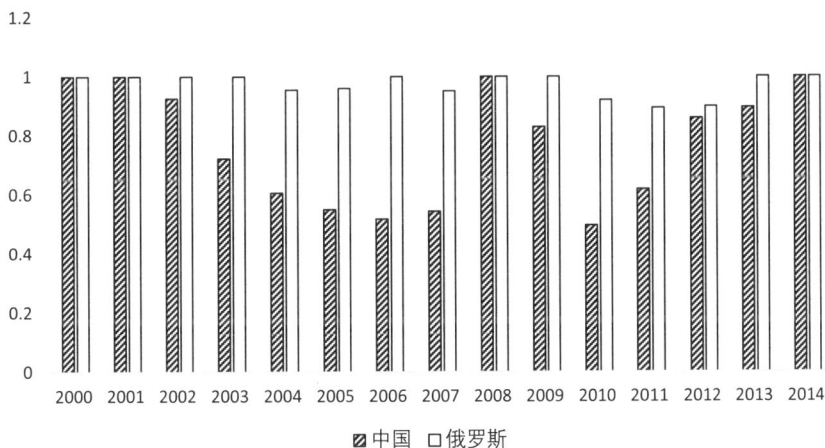

图 4-4 中俄双边 EEPI 指标变动时序图

数据来源：世界银行数据库与国家统计局网站。

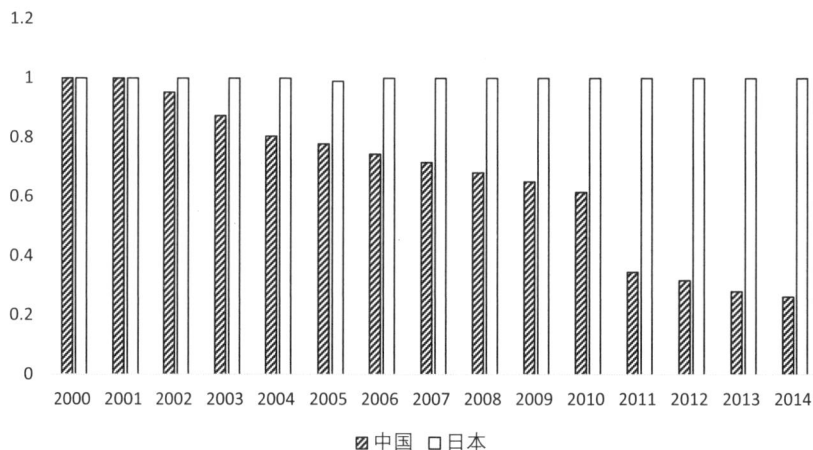

图 4-5 中日双边 EEPI 指标变动时序图
数据来源：世界银行数据库与国家统计局网站。

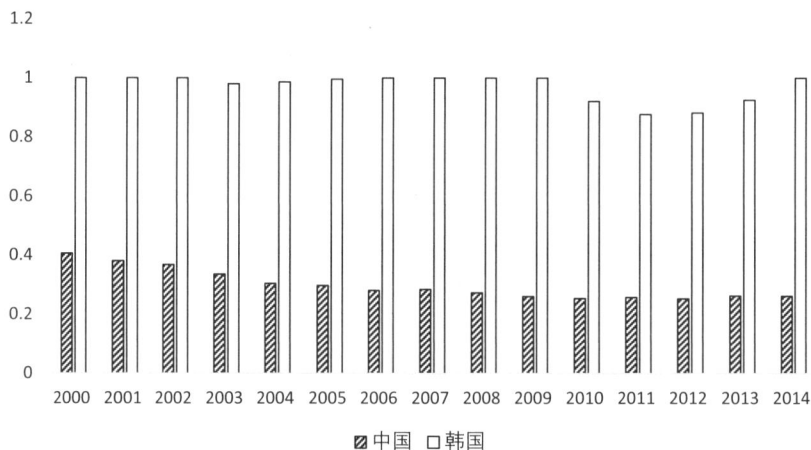

图 4-6 中韩双边 EEPI 指标变动时序图
数据来源：世界银行数据库与国家统计局网站。

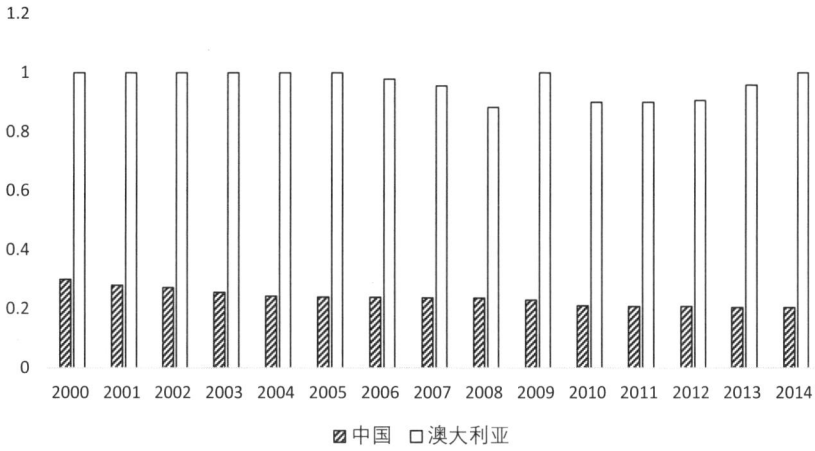

图 4-7 中澳双边 EEPI 指标变动时序图
数据来源：世界银行数据库与国家统计局网站。

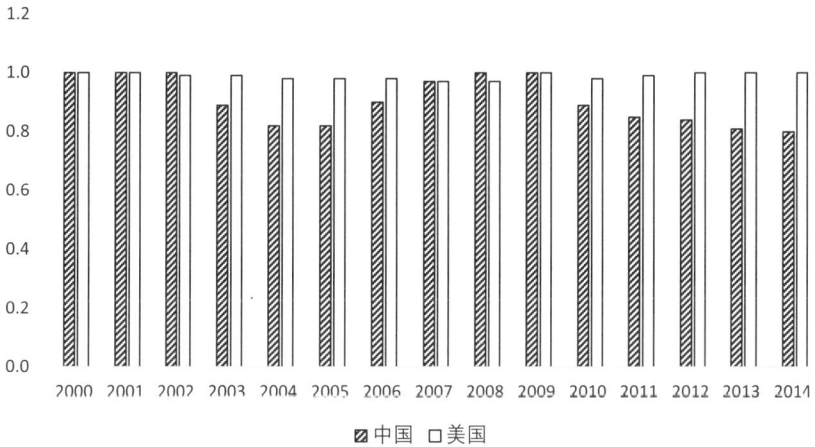

图 4-8 中美双边 EEPI 指标变动时序图
数据来源：世界银行数据库与国家统计局网站。

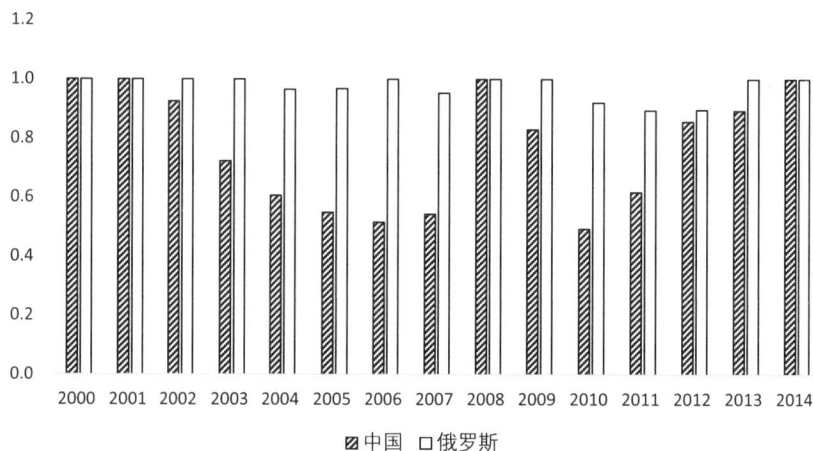

图 4-9　中俄双边 UEI 指标变动时序图

数据来源：世界银行数据库与国家统计局网站。

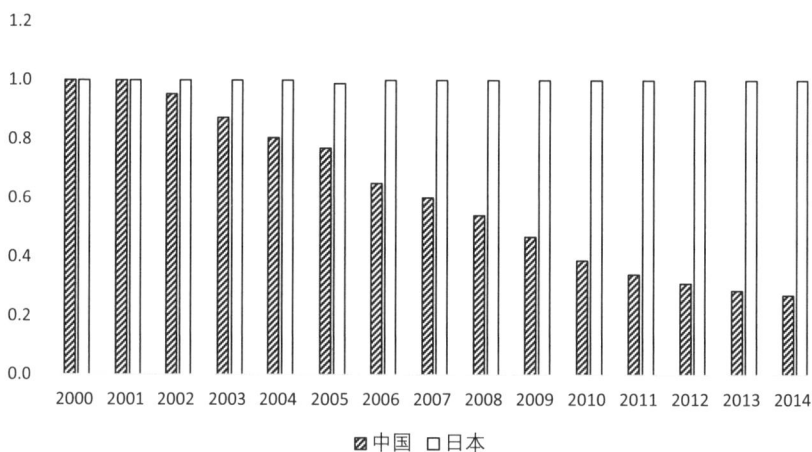

图 4-10　中日双边 UEI 指标变动时序图

数据来源：世界银行数据库与国家统计局网站。

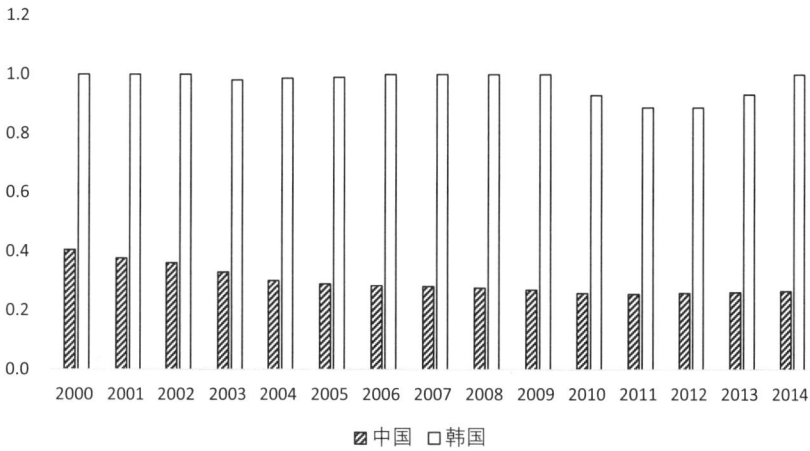

图4-11 中韩双边 UEI 指标变动时序图

数据来源：世界银行数据库与国家统计局网站。

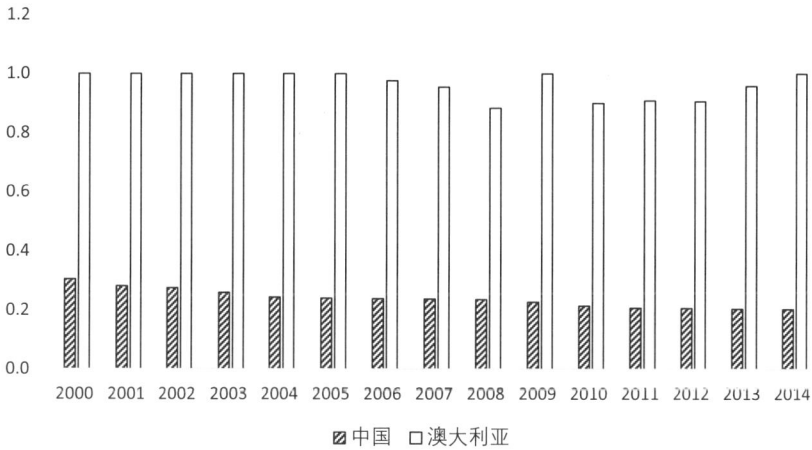

图4-12 中澳双边 UEI 指标变动时序图

数据来源：世界银行数据库与国家统计局网站。

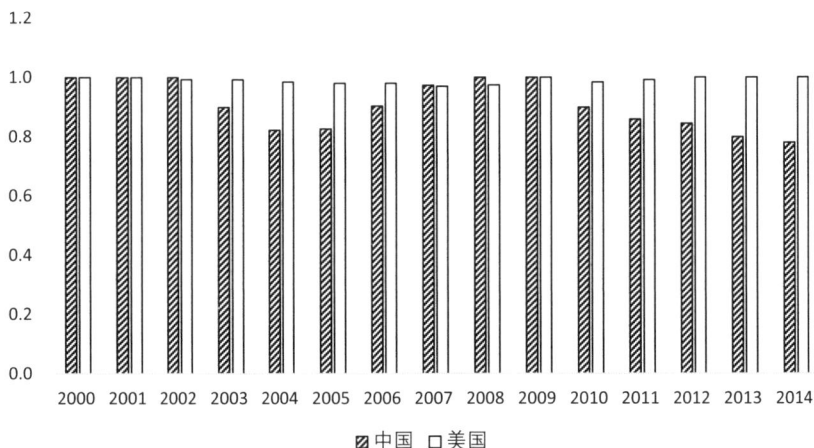

图 4-13　中美双边 UEI 指标变动时序图
数据来源：世界银行数据库与国家统计局网站。

四、小结

在 UEI 和 EEPI 指标方面，碳排放效率较高的国家均为经济发达国家，且人口较少，人均占地面积较大，资源丰富，拥有先进的生产技术和生产设备，在进出口贸易中处于有利地位；而受制于经济发展较为落后、人口数量较多、人均占地面积较少以及科学技术较为落后等原因，发展中国家的碳排放效率普遍低于经济发达国家。具体表现为：发达国家如美国、日本等国家的碳排放效率指标在 2000—2014 年期间普遍于 0.8—1.0 间波动，可以认为其碳排放效率处于双边国家中的前沿水平，而中国作为发展中国家且为人口大国，其碳排放效率指标在 2000—2014 年期间普遍低于发达国家，可以认为其碳排放效率处于较低水平。

第四节　东北地区碳排放效率的动态分析

一、指标选取

本节研究样本包含东北三省，即吉林省、辽宁省和黑龙江省，时间跨度为 2000—2015 年。数据均来源于国家统计局网站和各省统计年鉴。对于少部分含有缺失值的碳排放量相关数据，以前四年数据作为基数，前一年数据作为指数，设定幂值为 1/3 进行插补。

1. 投入指标

（1）资本投入（K）

根据各省的固定资产投入的比例，以资本存量代替资本投入（K），采用永续盘存法计算历年资本存量：

$$K_t = (1 - \delta_t) K_{t-1} + \frac{I_t}{P_t} \tag{4.31}$$

其中，K 代表资本存量，δ 代表折旧率，I 代表固定资产投资，P 代表投资价格指数。

采用张军的计算方法确定资本存量 K，将折旧率 δ 设定在 9.6% 左右，并采用固定资本形成总额作为投资 I，以 2000 年为基期进行计算。

（2）劳动力投入（L）

采用各省统计年鉴中公布的年末从业人员数作为劳动力投入指标。

（3）能源投入（E）

以各省公布的能源消耗数据表示。

2. 产出指标

（1）地区生产总值产出（Y）

理想产出指标地区生产总值（Y）以各省每年的地区生产总值表示。

（2）碳排放量产出（C）

非理想产出指标二氧化碳（C）将以计算的各省碳排放量数据来表示。

由于现有数据中未曾直接公布各省的碳排放量，本书使用联合国政府间气候变化专门委员会法估算二氧化碳排放量：

$$C_{it} = \sum E_{ijt} \times \eta_j \ (i = 3; j = 1, 2, ..., 9) \tag{4.32}$$

其中，C_{it} 为 i 省第 t 年的碳排放量，E_{ijt} 为 i 省第 t 年第 j 种能源消耗量，η_j 为第 j 种能源的碳排放系数。根据《中国能源统计年鉴》口径，将最终能源消费种类划分为 9 类，包括煤炭、焦炭、原油、汽油、煤油、柴油、燃料油、天然气和电力。9 类能源的转换系数及碳排放系数如表 4-3 所示。

表4-3 能源转换系数及碳排放系数

项目	煤炭消费量（千克）	焦炭消费量（千克）	原油消费量（千克）	汽油消费量（千克）	煤油消费量（千克）
能源转换系数	0.71	0.97	1.43	1.47	1.47
二氧化碳转换系数	1.90	2.86	3.02	2.93	3.02
项目	柴油消费量（千克）	燃料油消费量（千克）	电力消费量（千瓦·时）	天然气消费量（立方米）	—
能源转换系数	1.46	1.43	0.12	1.33	
二氧化碳转换系数	3.10	3.18	1.00	21.62	—

二、东北地区计算指标的描述性统计

表 4-4 展示了东北地区投入产出指标基本情况。

表4-4 东北地区投入产出指标基本情况

省份	指标	资本存量（亿元）	劳动力（万人）	能源消耗（万吨/标准煤）	地区生产总值（亿元）	碳排放（万吨）
吉林省	最大值	59900.82	1563.98	9443.04	15074.62	28718.64
	最小值	3372.00	1164.02	3766.41	1821.19	11344.96
	平均值	25991.79	1319.37	6753.34	8565.79	21041.29

省份	指标	资本存量 （亿元）	劳动力 （万人）	能源消耗 （万吨/标准煤）	地区生产总值 （亿元）	碳排放 （万吨）
辽宁省	最大值	74890.73	2562.20	24803.48	28669.02	89384.14
	最小值	7597.00	2018.90	10602.00	4669.06	35002.84
	平均值	38786.50	2241.92	18259.63	16965.10	61369.08
黑龙江省	最大值	51276.89	2102.00	12757.80	16361.62	38506.59
	最小值	5755.00	1473.00	6004.00	3253.00	18270.22
	平均值	22898.13	1773.74	9866.29	10047.66	30227.93

资本存量方面，辽宁省的平均资本存量最大，约为 38786.50 亿元，其次为吉林省，约为 25991.79 亿元，最后为黑龙江省，约为 22898.13 亿元，辽宁省的平均资本存量约为黑龙江省的 2 倍。

劳动力方面，辽宁省的平均劳动人口数量最多，约为 2241.92 万人，其次为黑龙江省，约为 1773.74 万人，最后为吉林省，约为 1319.37 万人，辽宁省的平均劳动人口数量约为吉林省的 2 倍。辽宁省地理位置优越，是中国北方地区的重要经济中心之一，提供了大量的工作岗位，因而能够吸引众多人口来此就业。

能源消耗方面，辽宁省的平均能源消耗最多，约为 18259.63 万吨/标准煤，其次为黑龙江省，约为 9866.29 万吨/标准煤，最后为吉林省，约为 6753.34 万吨/标准煤，辽宁省的平均能源消耗约为吉林省的 3 倍，可见东北三省中不同省的能源消耗情况具有显著的差异。

地区生产总值方面，辽宁省平均每年产生的地区生产总值总量最多，约为 16965.10 亿元，其次为黑龙江省，约为 10047.66 亿元，最后为吉林省，约为 8565.79 亿元，辽宁省的平均每年产生的地区生产总值总量约为吉林省的 2 倍。辽宁省拥有较为发达的工业、制造业以及先进的生产技术，其投资、全社会消费品零售、对外经济以及金融业等产生的增加值较高，这也使得其地区生产总值增长处于东北三省中的领先水平。吉林省长期以来依靠重工业支持经济发展，然而随着经济转型目标以及环保目标的确定，传统重工业的生产技术已经难以适应现代社会，且吉林省内交通不便，地域结构相对封闭，多种因素共同影响下，使得吉林省的地区生产总值分布情况极为不均，进一步与其他两省拉开了差距。

碳排放方面，辽宁省平均每年产生的碳排放量最多，约为 61369.08 万吨，其次是黑龙江省，约为 30227.93 万吨，最后为吉林省，约为 21041.29 万吨，辽宁省的平均每年产生的碳排放量约为吉林省的 3 倍。

三、东北地区能源效率指标测算

由公式（4.10）和公式（4.12）计算 2000—2020 年东北三省的省际非期望产出的效率，即碳排放效率，具体值如表 4-5。

表 4-5　东北地区能源效率测评值

省份	省份平均能源效率		区域平均能源效率	
	UEI	*EEPI*	*UEI*	*EEPI*
吉林省	0.84	0.82		
辽宁省	0.82	0.77	0.85	0.82
黑龙江省	0.88	0.86		

表 4-5 显示，黑龙江省的两项指标的平均水平为 0.88，略高于其他两省，原因为黑龙江省的经济来源主要是对外贸易，且一直以出口为主，主要出口产品包括化工产品及农产品，在保证经济发展的同时，也在一定程度上实现了碳排放的区域转移；辽宁省 *EEPI* 指标的平均水平为 0.77，略低于其他两省，原因为辽宁省的主要经济来源是第二产业，包括生产化石原料及各种工

业制造等，这也导致了辽宁省的碳排放量远高于其他两省，从表4-4中也可以看出这一信息。

图4-14和图4-15显示，我国东北地区的 *UEI* 和 *EEPI* 指标在2000—2010年间虽有小幅度波动，但整体上仍保持逐年上升的状态。这一期间，受《中共中央关于制定国民经济和社会发展第十二个五年规划的建议》中"促进区域协调发展"的战略影响，东北三省大力发展现代农业，建设先进技术设备，加强环境治理，由重工业为主导的经济转型为低碳经济，这一历史性的举措使得东北地区的碳排放效率在10年间逐渐增加，显示为 *UEI* 和 *EEPI* 指标的逐年增加；2010年起，我国全力倡导环境治理建设以及能源体系改革，受此影响，直至2018年，东北三省的 *UEI* 和 *EEPI* 指标处于最佳的前沿水平；2019—2020年，受新冠疫情的影响，东北三省的 *UEI* 指标略有波动，但仍然保持在较高的前沿水平。

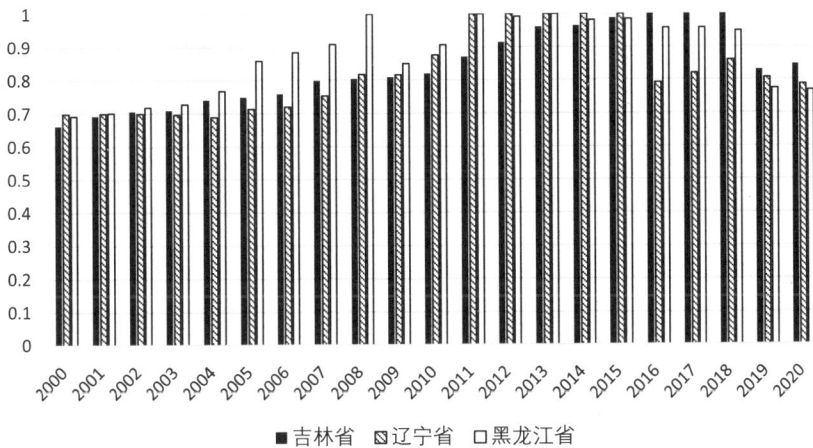

图4-14　东北地区 *UEI* 指标变动时序图

数据来源：世界银行数据库与国家统计局网站。

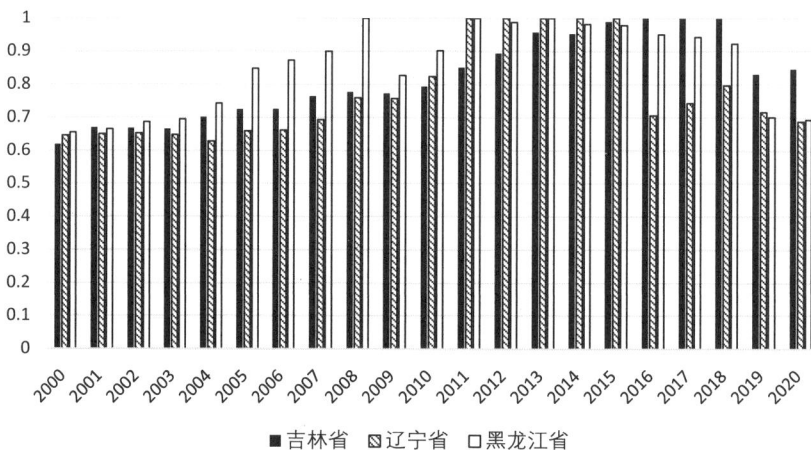

图 4-15 东北地区 *EEPI* 指标变动时序图

数据来源：世界银行数据库与国家统计局网站。

四、*ML* 指数分析

利用 *ML* 指数可以分析东北三省在考虑能源、地区生产总值和碳排放量后的综合效率随时间的变化情况，结果如表 4-6 所示。其中，基于非径向距离函数的曼奎斯特 – 卢恩伯格指数（*NDDF-ML*）代表综合效率的动态变化，其可以分解为效率变化和技术变化的乘积。规模报酬不变且非期望产出处于弱可处置条件下，效率变化反映了每个省在 t 时期和 t+1 时期对前沿面的追赶程度，效率变化值大于 1 说明 t+1 时期的效率比 t 时期的效率高，等于 1 说明 t+1 时期的效率与 t 时期相同，小于 1 说明 t+1 时期的效率比 t 时期的效率低；技术变化指每个省在 t+1 时期的前沿面相对于 t 时期的变化情况，技术变化值大于 1 说明 t+1 时期的技术水平比 t 时期更好，等于 1 说明两个时期的技术水平相同，小于 1 说明 t+1 时期的技术水平比 t 时期的低。

表 4-6 的数据展示了 2000 —2020 年东北地区 *NDDF-ML* 及技术进步、效率变化相关数据。

从东北三省整体分析，2000 —2020 年东北三省的综合水平有所提高，吉林省和黑龙江省综合水平提高的主要原因是技术变化水平较大，效率变化

表 4-6 2000—2020 年东北地区 *NDDF-ML* 及技术进步、效率变化

年份	吉林省			辽宁省			黑龙江省		
	NDDF-ML	效率变化	技术变化	*NDDF-ML*	效率变化	技术变化	*NDDF-ML*	效率变化	技术变化
2000—2001	1.05	1.00	1.05	1.18	1.17	1.01	1.04	1.00	1.04
2001—2002	1.04	1.00	1.04	>0	0.84	>0	1.06	1.00	1.06
2002—2003	1.06	1.00	1.06	1.24	1.01	1.23	1.04	1.00	1.04
2003—2004	1.04	1.00	1.04	1.72	1.02	1.70	1.04	1.70	1.12
2004—2005	2.38	1.00	2.38	1.25	1.01	1.24	1.09	1.00	1.09
2005—2006	1.05	1.00	1.05	0.90	0.88	1.02	0.88	0.84	1.04
2006—2007	0.74	1.00	0.74	0.76	1.12	0.68	0.81	1.19	0.68
2007—2008	1.08	1.00	1.08	1.06	0.98	1.08	1.22	1.00	1.22
2008—2009	1.04	0.94	1.10	1.12	0.98	1.14	1.07	1.00	1.07
2009—2010	1.09	1.01	1.08	1.13	1.01	1.12	1.07	1.00	1.07
2010—2011	1.06	1.06	1.00	1.36	1.03	1.32	1.02	1.00	1.02
2011—2012	1.18	1.00	1.18	0.94	0.90	1.04	>0	1.00	>0
2012—2013	>0	1.00	>0	1.01	1.06	0.95	0.92	1.00	0.92
2013—2014	0.85	1.00	0.85	0.90	1.04	0.86	0.89	1.00	0.89
2014—2015	1.08	1.00	1.08	1.23	0.99	1.24	1.05	1.00	1.05
2015—2016	1.05	1.00	1.05	1.39	0.99	1.40	1.05	1.00	1.05

续表

年份	吉林省			辽宁省			黑龙江省		
	NDDF-ML	效率变化	技术变化	NDDF-ML	效率变化	技术变化	NDDF-ML	效率变化	技术变化
2016—2017	1.06	1.00	1.06	1.34	0.99	1.36	1.04	1.00	1.04
2017—2018	1.05	1.00	1.05	1.27	1.03	1.23	1.05	1.00	1.05
2018—2019	1.03	1.00	1.03	1.12	0.97	1.15	1.50	1.00	1.50
2019—2020	1.02	1.00	1.02	0.94	0.92	1.02	0.90	0.83	1.08

对于综合水平的影响相对较小；辽宁省的综合水平变化则受到技术变化与效率变化两种因素的共同影响。具体来看，2000—2001 年东北三省的综合水平均有不同程度的提高，吉林省和黑龙江省综合水平提高受技术变化的影响较大，辽宁省则受效率变化的影响较大；2001—2002 年，吉林省和黑龙江省的综合水平均有轻微提高，而辽宁省的综合水平较去年相比却有所降低，主要受到技术变化水平的影响，同年，辽宁省修正了《辽宁省促进企业技术进步规定》使得后续辽宁省的技术变化有所恢复；2002—2011 年，东北三省每年的综合水平均有不同程度的提高，其中，吉林省和黑龙江省的综合水平变动受技术变化的影响较大，而辽宁省的综合水平变动则受到效率变化与技术变化的共同影响较多；2011—2012 年吉林省和辽宁省的综合水平均有轻微提高，而黑龙江省的综合水平较去年相比却有所降低，主要受到技术变化水平的影响；2011—2012 年辽宁省和黑龙江省的综合水平均有轻微提高，而吉林省的综合水平较去年相比却有所降低，主要受到技术变化水平的影响；2013—2014 年，东北三省的综合水平变动均有轻微下降，主要是受技术变化的影响；2014—2019 年，东北三省每年的综合水平变动均有轻微提升，受技术变化的影响程度较大；2019—2020 年，除吉林省外，辽宁省和黑龙江省的综合水平

变动均有轻微下降，主要受到效率变化的影响，出现这一情况主要是由于新冠疫情导致了全国生产力的下降。

五、小结

从 *UEI* 和 *EEPI* 指标来看，东北三省的 *UEI* 均值约为 0.85，*EEPI* 均值约为 0.82，说明在碳排放效率方面，东北三省处于较高的前沿水平，且在 2000—2018 年间涨势明显，在 2019 年受疫情影响，东北三省整体的碳排放效率略有下降，在 2020 年东北三省整体的碳排放效率有所提高。其中，黑龙江省的 *UEI* 和 *EEPI* 指标均值最高，其次为吉林省，最后为辽宁省。

从 *ML* 指数来看，2000—2020 年东北三省的综合水平均有所提高，且东北三省的碳排放效率综合变化受技术变化情况影响较为明显。其中，吉林省和黑龙江省综合水平提高的主要原因是技术变化水平较大，效率变化对于综合水平变化的影响相对较小，辽宁省的综合水平变化则受到技术变化与效率变化两种因素的共同影响。

第五章
贸易隐含碳规模研究

第一节　贸易隐含碳测算方法
——传统海关统计与增加值贸易

一、碳排放测算的理论与方法

（一）碳排放测算理论

1. 生命周期法

生命周期评价法是一种产品在生产过程中输入和输出在整个的生命周期内需要的能量和对原材料的需求量以及对产生的隐含碳排放的研究方法。产品的生命周期碳排放核算，需要首先确定其碳排放边界，以中美贸易为例，中国出口美国商品在中国国内生产过程中的碳排放，因此边界确定为产品从设计、生产和运输，直到产品出口之前的整个过程所涉及的原材料、外来能源消耗所产生的碳排放。在确定了碳排放边界后，对碳排放源进行分类，确定输入流、输出流以及废物流。然后收集数据，对碳排放量进行计算。袁哲（2012）运用生命周期法对 2009 年中国出口美国商品贸易中的隐含碳排放进行了分析与核算，得出结果显示，选取的 32 种商品碳排放总计约 1.58 亿吨，占中国出口美国碳排放总量的 42.0%；出口金额为 1536.43 亿美元，占当年中美出口总额 2208.02 亿美元的 69.58%。对不同的高耗能产品，应分出口产品的结构和载能量，在产品生命周期的各个环节节能降耗。

2. 投入产出法

投入产出表是测算贸易隐含碳排放较为常用的方法，用于研究某个国家或区域的各行业之间的投入产出关系，最早是列昂惕夫提出。具体又可以分为两类：第一，单区域环境投入产出法（SRIO）。单区域环境投入产出法主要用来测算本国与外国双边贸易隐含碳排放，并遵循国内技术假定，即假定本国与外国有着相同的碳排放系数。第二，多区域环境投入产出法（MRIO）。随着投入产出表及碳排放统计数据的不断完善，摒弃了国内技术假定的多区域环境投入产出法得到了更为广泛的应用。多区域环境投入产出法考虑了本国产品与外国产品在生产技术上的差异，并且有效分离了本国对世界其他国家的中间产品进口和最终出口，从而使得测算出来的贸易隐含碳数据相比于单区域环境投入产出法更加精确。多区域投入产出如表 5-1 所示。

多区域投入产出简表主要分为三个象限：由中间投入和中间使用交叉组成第一象限、由最终使用表示的第二象限、由增加值表示的第三象限。第一象限是由名称相同、数目一致、排列次序相同的多区域若干个产品部门纵横交叉而成的中间产品象限（上标表示区域、下标表示部门）。其中的元素 x_{ij}^{rr} 具有双重意义，从横向的角度来看，x_{ij}^{rr} 反映了区域产出部门 i 所生产的产品或服务中提供给 r 区域消耗部门 j 作为中间使用的部分，从纵向的角度来看 x_{ij}^{rr} 反映了本区域消耗部门 j 在生产过程中消耗 r 区域产出部门 i 所提供的产品或服务的数量。x_{ij}^{rs} 表示了 r 地区 i 部门的产出中用于 s 地区 j 部门中间使用的部分。第一象限充分反映了国民经济各部门之间相互依赖、相互提供产品或服务以供其他部门生产和消耗的过程，揭示了国民经济各部门之间的动态联系，是投入产出表的核心。第二象限是最终使用象限，是第一象限在水平方向上的延伸。最终使用部分包含了政府消费、固定资本形成总额、存货增加。第二象限主要反映了各产出部门所生产的产品或服务中用于最终使用的

表 5-1 多区域投入产出简表

投入产出			中间使用				最终使用			出口	总产出
			区域1	⋯	区域 m		区域1	⋯	区域 m		
			部门1⋯部门 n	⋯	部门1⋯部门 n						
中间投入	区域1	部门1 ⋮ 部门 n	$x_{11}^{11} \cdots x_{1n}^{11}$ ⋮ $x_{n1}^{11} \cdots x_{nn}^{11}$	⋯	$x_{11}^{1m} \cdots x_{1n}^{1m}$ ⋮ $x_{n1}^{1m} \cdots x_{nn}^{1m}$		Y_1^{11} ⋮ Y_n^{11}	⋯	Y_1^{1m} ⋮ Y_n^{1m}	EX_1^1 ⋮ EX_n^1	X_1^1 ⋮ X_n^1
	⋮	⋮	⋮	⋯	⋮		⋮	⋮	⋮	⋮	⋮
	区域 m	部门1 ⋮ 部门 n	$x_{11}^{m1} \cdots x_{1n}^{m1}$ ⋮ $x_{n1}^{m1} \cdots x_{nn}^{m1}$		$x_{11}^{mm} \cdots x_{1n}^{mm}$ ⋮ $x_{n1}^{mm} \cdots x_{nn}^{mm}$		Y_1^{m1} ⋮ Y_n^{m1}	⋯	Y_1^{mm} ⋮ Y_n^{mm}	EX_1^m ⋮ EX_n^m	X_1^m ⋮ X_n^m
	进口投入合计		$IM_1^1 \cdots IM_n^1$	⋯	$IM_1^m \cdots IM_n^m$						
增加值	劳动报酬 生产税净额 固定资产折旧 营业盈余		$v_1^1 \cdots v_n^1$ $s_1^1 \cdots s_n^1$ $d_1^1 \cdots d_n^1$ $m_1^1 \cdots m_n^1$	⋯	$v_1^m \cdots v_n^m$ $s_1^m \cdots s_n^m$ $d_1^m \cdots d_n^m$ $m_1^m \cdots m_n^m$						
	增加值合计		$TVA_1^1 \cdots TVA_n^1$	⋯	$TVA_1^m \cdots TVA_n^m$						
	总投入		$X_1^1 \cdots X_n^1$	⋯	$X_1^m \cdots X_n^m$						

数量和构成，Y_i^{rs} 表示了 r 地区 i 部门的产出中用于 s 地区最终使用的部分。第三象限是增加值象限，是第一象限在垂直方向上的延伸。增加值部分包括劳动者报酬、生产税净额、固定资产折旧、营业盈余等各种最初投入，其中 TVA_i^r 表示了 r 地区 i 部门的增加值总额，第三象限主要反映了各消耗部门最初投入（即增加值）的构成情况，体现了国内生产总值的初次分配。表中 EX_i^r 表示了 r 地区 i 部门的产出中用于出口的部分；X_i^r 表示了 r 地区 i 部门的总产出。

根据投入产出模型的平衡条件，模型的表达式如公式 5.1 所示：

$$X_i^r = \sum_{j=1}^{n} \sum_{s=1}^{m} x_{ij}^{rs} + \sum_{s=1}^{m} Y_i^{rs} + EX_i^r \qquad （5.1）$$

矩阵表达式如公式（5.2）所示：

$$
\begin{bmatrix} X^1 \\ X^2 \\ \vdots \\ X^m \end{bmatrix} =
\begin{bmatrix} A^{11} & A^{12} & \cdots & A^{1m} \\ A^{21} & A^{22} & \cdots & A^{2m} \\ \vdots & \vdots & \vdots & \vdots \\ A^{m1} & A^{m2} & \cdots & A^{mm} \end{bmatrix}
\begin{bmatrix} X^1 \\ X^2 \\ \vdots \\ X^m \end{bmatrix} +
\begin{bmatrix} \sum_{s=1}^{m} Y^{1s} \\ \sum_{s=1}^{m} Y^{2s} \\ \vdots \\ \sum_{s=1}^{m} Y^{ms} \end{bmatrix} +
\begin{bmatrix} EX^1 \\ EX^2 \\ \vdots \\ EX^m \end{bmatrix} \qquad （5.2）
$$

其中，$X^r = (X_1^r, X_2^r, \cdots, X_n^r)^T$ 表示 r 地区 n 维总产出列向量；$A^{rs} = \begin{bmatrix} a_{11}^{rs} & \cdots & a_{1n}^{rs} \\ \vdots & \vdots & \vdots \\ a_{n1}^{rs} & \cdots & a_{nn}^{rs} \end{bmatrix}$，$a_{ij}^{rs} = \dfrac{x_{ij}^{rs}}{X_j^s}$ 表示 r 地区各部门产出中向 s 地区各部门转移的 $n \times n$ 维直接消耗系数矩阵；$Y^{rs} = (Y_1^{rs}, Y_2^{rs}, \cdots, Y_n^{rs})^T$ 表示 r 地区的产出中被 s 地区用作最终使用的部分组成的 n 维列向量；$EX^r = (EX_1^r, EX_2^r, \cdots, EX_n^r)^T$ 表示 r 地区产出中用作出口的部分组成的 n 维列向量。

（二）不同贸易额测算贸易隐含碳模型

随着全球供应链的不断深入，产业内产品单向流动的贸易逐步发展为包括了中间产品的产内分工贸易，即同一产业部门是出口又是进口的主体。这种贸易方式的转变，一方面使得由海关编码统计即传统贸易统计得出的最终产品的出口额的数据被高估，另一方面中间产品多次进出口会引起贸易额的重复计算。因此，越来越多的学者开始建立以价值增值的方式来核算一国真正的出口额。这种以产品增加值为统计口径的贸易统计方法，能够更加真实有效地反映一国参与国际分工产生的实际价值。

如图 5-1 所示，以中、日、美三国进行贸易为例，以一件产品从零部件到中间品，再到成品出口到他国来做简要讨论。展示了新旧贸易额统计方法的对比。中国出口最终消费品到他国，此产品最终价值为 60 美元。在生产该产品的过程中，美国向中国出口了5美元的中间品零部件，日本向中国出口了5美元的中间品零部件，中国自身投入的劳动与资本为20美元，中间品投入30美元。依据传统贸易统计方法，在中国加工再出口到他国，则出口贸易额约为60美元。如采用增加值贸易统计方法，则需要剔除中国从美国和日本进口中间产品的价值。按照一国增值贸易来计算，中国在生产该产品时候，产品投入一共50美元。这50美元属于中国出口他国产品时候的增值部分即出口贸易额应为50美元。由此可见，传统贸易统计方法会重复计算中间产品价值从而使得出口国家贸易额的高估。使用增加值视角来测算出口额与碳排放能够更好地反映贸易与环境问题。

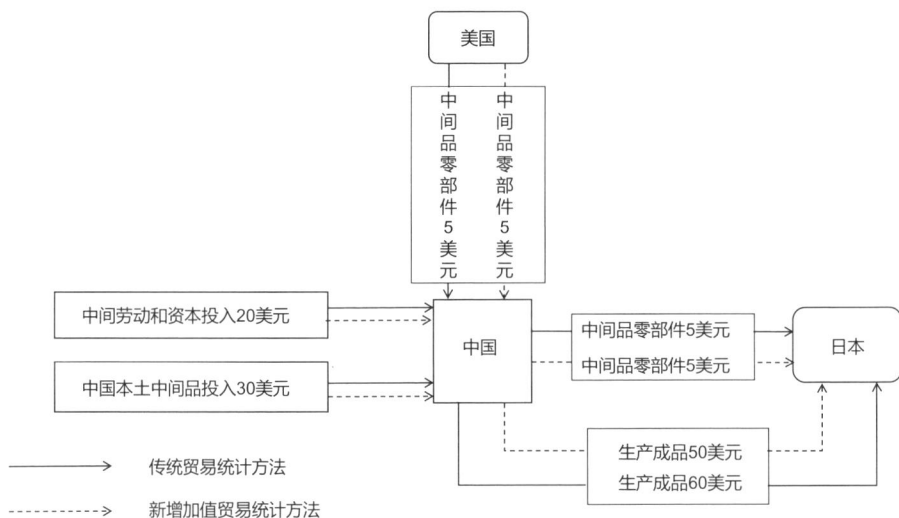

图5-1　增加值贸易统计：一个案例

从上述分析可知，使用一国进出口产品价值为进出口额的统计口径存在弊端。在计算隐含碳的过程中，使用海关统计数据为原始数据，也必然会夸大一国的进出口隐含碳。因此，本书将从增加值贸易角度测算贸易隐含碳，旨在客观描述中国贸易隐含碳的排放状况。并与传统贸易方法进行比较，以期证明增加值贸易更符合现贸易阶段的隐含碳测算。

（三）不同贸易统计方法计算公式

1. 增加值贸易额计算公式

基于多区域投入产出表，借鉴 KWW 方法并进行改进测算区域双边增加值贸易数据，这种计算方法以多区域投入产出模型为基础，其中一个区域的总产出包括国内外中间投入和最终消费：

$$X^r = A^{rr}X^r + Y^{rr} + A^{rs}X^r + Y^{rs}(r,s=1,\dots,m) \tag{5.3}$$

其中，X^r 是 $n \times 1$ 矩阵表示 r 区域总产出，A^{rr} 是 $n \times n$ 矩阵表示 r 区域的区域内投入产出系数矩阵。

m 个区域间的投入产出矩阵模型表示如下：

$$\begin{bmatrix} X^1 \\ X^2 \\ \vdots \\ X^m \end{bmatrix} = \begin{bmatrix} A^{(1,1)} & A^{(1,2)} & \cdots & A^{(1,m)} \\ A^{(2,1)} & A^{(2,2)} & \cdots & A^{(2,m)} \\ \vdots & \vdots & \cdots & \vdots \\ A^{(m,1)} & A^{(m,2)} & \cdots & A^{(m,m)} \end{bmatrix} \begin{bmatrix} X^1 \\ X^2 \\ \vdots \\ X^m \end{bmatrix} + \begin{bmatrix} Y^{(1,1)} + Y^{(1,2)} + \cdots + Y^{(1,m)} \\ Y^{(2,1)} + Y^{(2,2)} + \cdots + Y^{(2,m)} \\ \vdots \\ Y^{(m,1)} + Y^{(m,2)} + \cdots + Y^{(m,m)} \end{bmatrix} \tag{5.4}$$

其中，$A^{(r,s)}$ 是 $n \times n$ 矩阵表示 r 区域生产出口到 s 区域的中间投入系数矩阵，$Y^{(r,r)}$ 是 $n \times 1$ 矩阵表示 r 区域生产并由 r 区域消费的最终消费，$Y^{(r,s)}$ 是 $n \times 1$ 矩阵表示 r 区域生产出口到 s 区域的最终消费。

对公式（5.4）进行逆矩阵运算，可以得出 m 个区域的总产出矩阵：

$$\begin{bmatrix} X^1 \\ X^2 \\ \vdots \\ X^m \end{bmatrix} = \begin{bmatrix} I - A^{(1,1)} & -A^{(1,2)} & \cdots & A^{(1,m)} \\ -A^{(2,1)} & I - A^{(1,2)} & \cdots & -A^{(2,m)} \\ \vdots & \vdots & \cdots & \vdots \\ -A^{(m,1)} & -A^{(m,2)} & \cdots & I - A^{(m,m)} \end{bmatrix}^{1} \begin{bmatrix} Y^{(1,1)} + \sum\limits_{g \neq 1}^{m} Y^{(1,g)} \\ Y^{(2,2)} + \sum\limits_{g \neq 2}^{m} Y^{(2,g)} \\ \vdots \\ Y^{(m,m)} + \sum\limits_{g \neq m}^{m} Y^{(m,g)} \end{bmatrix} \tag{5.5}$$

将公式（5.5）中的列昂惕夫逆矩阵中各元素用 $B^{(r,s)}$ 表示，$B^{(r,s)}$ 是一个 $n \times n$ 的矩阵，表示进口区域 r 每增加一单位的产品需求，出口区域 s 就需要生产相应数量的总产出。其中：

$$Y_r = \sum_g^m Y^{(r,g)} \tag{5.6}$$

表示 r 区域的最终消费需求矩阵，Y^r 是 $n \times 1$ 的矩阵，则公式（5.4）简化为：

$$
\begin{bmatrix} X^1 \\ X^2 \\ \vdots \\ X^m \end{bmatrix} = \begin{bmatrix} B^{(1,1)} & B^{(1,2)} & \cdots & B^{(1,m)} \\ B^{(2,1)} & B^{(2,2)} & \cdots & B^{(2,m)} \\ \vdots & \vdots & \cdots & \vdots \\ B^{(m,1)} & B^{(m,2)} & \cdots & B^{(m,m)} \end{bmatrix} \begin{bmatrix} Y^1 \\ Y^2 \\ \vdots \\ Y^m \end{bmatrix} \tag{5.7}
$$

将公式（5.7）中的总产出矩阵 X^r 和最终消费矩阵 Y^r 展开，其中 $X^{(r,s)}$ 是一个 $n \times 1$ 的矩阵，表示 r 区域出口产品到 s 区域最终消费的产出。

$$
\begin{bmatrix} X^{(1,1)} & X^{(1,2)} & \cdots & X^{(1,m)} \\ X^{(2,1)} & X^{(2,2)} & \cdots & X^{(2,m)} \\ \vdots & \vdots & \cdots & \vdots \\ X^{(m,1)} & X^{(m,2)} & \cdots & X^{(m,m)} \end{bmatrix} = \begin{bmatrix} B^{(1,1)} & B^{(1,2)} & \cdots & B^{(1,m)} \\ B^{(2,1)} & B^{(2,2)} & \cdots & B^{(2,m)} \\ \vdots & \vdots & \cdots & \vdots \\ B^{(m,1)} & B^{(m,2)} & \cdots & B^{(m,m)} \end{bmatrix} \begin{bmatrix} Y^{(1,1)} & Y^{(1,2)} & \cdots & Y^{(1,m)} \\ Y^{(2,1)} & Y^{(2,2)} & \cdots & Y^{(2,m)} \\ \vdots & \vdots & \cdots & \vdots \\ Y^{(m,1)} & Y^{(m,2)} & \cdots & Y^{(m,m)} \end{bmatrix} \tag{5.8}
$$

$\hat{V}$ 是直接增加值系数矩阵，其中对角矩阵 $\hat{V}^r = TVA^r / diag(X^r)$ 是 $n \times n$ 的对角矩阵，表示的是一个区域的增加值系数矩阵，TVA^r 表示由 r 区域各产业部门增加值构成的 $1 \times n$ 维增加值向量。表示如下：

$$
\hat{V} = \begin{pmatrix} \hat{V}^1 & 0 & \cdots & 0 \\ 0 & \hat{V}^2 & \cdots & 0 \\ \vdots & \vdots & \ddots & \vdots \\ 0 & 0 & \cdots & \hat{V}^m \end{pmatrix} \tag{5.9}
$$

则 m 个区域的增加值产出矩阵 $\hat{V} X$ 可表示为：

$$
\hat{V} X = \begin{bmatrix} \hat{V}^1 & 0 & \cdots & 0 \\ 0 & \hat{V}^2 & \cdots & 0 \\ \vdots & \vdots & \ddots & \vdots \\ 0 & 0 & \cdots & \hat{V}^m \end{bmatrix} \begin{bmatrix} X^{(1,1)} & X^{(1,2)} & \cdots & X^{(1,m)} \\ X^{(2,1)} & X^{(2,2)} & \cdots & X^{(2,m)} \\ \vdots & \vdots & \cdots & \vdots \\ X^{(m,1)} & X^{(m,2)} & \cdots & X^{(m,m)} \end{bmatrix} \tag{5.10}
$$

即：

$$\hat{V}X = \begin{bmatrix} \hat{V}^1\sum_g^m B^{(1,g)}Y^{(g,1)} & \hat{V}^1\sum_g^m B^{(1,g)}Y^{(g,2)} & & \hat{V}^1\sum_g^m B^{(1,g)}Y^{(g,m)} \\ & & \cdots & \\ \hat{V}^2\sum_g^m B^{(2,g)}Y^{(g,1)} & \hat{V}^2\sum_g^m B^{(2,g)}Y^{(g,2)} & \cdots & \hat{V}^2\sum_g^m B^{(2,g)}Y^{(g,m)} \\ \vdots & \vdots & \cdots & \vdots \\ \hat{V}^m\sum_g^m B^{(m,g)}Y^{(g,1)} & \hat{V}^2\sum_g^m B^{(m,g)}Y^{(g,2)} & \cdots & \hat{V}^m\sum_g^m B^{(m,g)}Y^{(g,m)} \end{bmatrix} \qquad (5.11)$$

根据 2014 年 KWW 等提出的方法，将总出口额分解成 9 个部分，合并成增加值出口（1）—（3）、出口加工又被进口回来的中间产品中的区域内成分（4）—（6）、区域外成分（7）—（9）等三个部分：

$$uE^{r^*} = \underbrace{\frac{V^r\sum_{s\neq r}^m B^{rr}Y^{rs}}{}}_{(1)\text{最终商品}} + \underbrace{\frac{V^r\sum_{s\neq r}^m B^{rs}Y^{ss}}{}}_{(2)\text{中间商品，并被进口国吸收}}$$

$$+ \underbrace{\frac{V^r\sum_{s\neq r}^m\sum_{g\neq s,r}^m B^{rg}Y^{sg}}{}}_{(3)\text{中间产品，并被进口国加工后又出口到第三国}}$$

$$+ \underbrace{\frac{V^r\sum_{s\neq r}^m B^{rs}Y^{sr}}{}}_{(4)\text{中间产品，国外加工后又以最终产品进口回来}}$$

$$+ \underbrace{\frac{V^r\sum_{s\neq r}^m B^{rs}A^{rs}(I-A^{rr})^{-1}Y^{rr}}{}}_{(5)\text{中间产品，国外加工后又以中间产品进口回来}}$$

$$+ \underbrace{\frac{V^r\sum_{s\neq r}^m B^{rs}A^{rs}(I-A^{rr})^{-1}E^{r^*}}{}}_{(6)\text{中间产品，重复计算项}} + \underbrace{\frac{\sum_{g\neq r}^m\sum_{s\neq r}^m V^g B^{gr}Y^{rs}}{}}_{(7)\text{最终产品，国外成分}}$$

$$+ \underbrace{\frac{\sum_{g\neq r}^m\sum_{g\neq r}^R V^g B^{gr}A^{rs}(I-A^{ss})^{-1}Y^{ss}}{}}_{(8)\text{中间产品，国外成分}}$$

$$+ \underbrace{\frac{\sum_{g\neq s}^m V^g B^{gr}A^{rs}\sum_{g\neq r}^R(I-A^{ss})^{-1}E^{s^*}}{}}_{(9)\text{中间产品，重复计算项}}$$

$$(5.12)$$

区域间的出口增加值可用 VX 表示，即 VX^{rs} 表示 r 区域对 s 区域的增加值贸易出口额：

$$VX^{rs} = \hat{V^r} B^{rr} Y^{rs} + \hat{V^r} B^{rs} Y^{ss} + \hat{V^r} \sum_{g \neq s,r}^m B^{rg} Y^{gs} = \hat{V^r} \sum_{g}^m B^{rg} Y^{gs} \qquad (5.13)$$

2. 传统贸易额计算公式

收集数据时发现，联合国贸易统计数据库（UM Comtrade）中的传统海关贸易统计数据行业层面数据缺失，为保证数据口径的一致性，本书仍借鉴 KWW 的研究方法，运用世界投入产出表来测算传统方法下的中国与主要贸易经济体国家间双边贸易额，在传统贸易计算模式下，根据投入产出表的统计方式，区域 r 出口至区域 s 的出口总值 E^{rs} 包括其最终产品出口（Y^{rs}）以及中间产品的出口（$A^{rs}X^r$）两个部分。传统贸易额的计算公式为：

$$E^{rs} = A^{rs} X^r + Y^{rs} \qquad (5.14)$$

二、贸易隐含碳测算模型构建

生命周期法和投入产出分析法是目前国内外关于贸易隐含碳排放测算的两种主要方法。生命周期法是基于产品或服务的生产的整个过程来进行直接和间接碳排放的一种测算方法，它是一种自下而上的评价方法，可以为决策部门提供较为详细的信息，但该方法也存在一定的缺陷。第一，生命周期评价法对数据的要求高，计算过程中难以获得有效数据，使用范围具有一定的局限性；第二，在编制的过程中，系统边界划分的不准确会导致系统截断误差的出现，不利于其顺利执行；第三该方法对数据的要求较高，需要准确知道整个产品周期中各种能源的消耗量且计算过程比较复杂，比较适用特定产品的计算。投入产出法是运用国家的投入产出表计算最终产品的总体碳排放。投入产出模型是测算国际贸易隐含碳排放的主流分析工具，能够较为准确地测算出产品和服务贸易中隐含的碳排放量。经过众多国内外学者的研究，投入产出法已被广泛证实为是一种能从宏观角度估算隐含在商品和服务中的资源或污染量的有效方法。

（一）直接碳排放系数公式

直接碳排放系数表示行业每生产一单位的最终产品会排放出的二氧化碳总量。基于各国的生产技术及能源利用率的异质性，为更加准确地计算中国和其他区域之间的贸易隐含碳排放量。本书根据世界投入产出数据库（WIOD）及中国碳排放数据库（CEADs）的 30 个省（区、市）排放清单里各区域分行业 CO_2 排放数据，分别计算各区域的直接碳排放系数。其中 ω^r 为 28×1 矩阵，是 r 国的直接碳排放系数向量，ω_i^r 表示 r 国 i 行业的直接碳排放系数，c_i^r 表示 r 国 i 行业的直接碳排放总量，x_i^r 表示 r 国 i 行业的总产出，表示如下：

$$\omega^r = \left\{ \omega_i^r \right\} = \frac{C_i^r}{X_i^r} \tag{5.15}$$

（二）完全碳排放公式

完全碳排放强度是指生产单位价值最终消费产品的完全碳排放量，表示 i 行业每出口一单位的贸易品，则该贸易品中就会隐含 M^i 单位的碳排放，是计算贸易隐含碳排放的系数。完全碳排放强度的计算方法是采用直接碳排放系数 ω 与列昂惕夫逆矩阵 $(I-A)^{-1}$ 作矩阵乘法运算，其中 M_i^r 表示的是 r 区域 i 行业的完全碳排放系数。r 区域 28×1 的完全碳排放向量 M^r 表示如下：

$$M^r = \left\{ M_i^r \right\} = \omega^r (I - A^r)^{-1} \tag{5.16}$$

（三）贸易隐含碳排放测算公式

出口产品的隐含碳排放量测算方法是基于投入产出模型计算的，具体计算公式是采用 i 部门的出口贸易额与 i 部门的完全碳排放强度的矩阵乘积。

1. 新增加值贸易方法测算中国与主要贸易国家的贸易隐含碳公式

r 对 s 的出口贸易隐含碳为：

$$C^{rs} = \omega^r V X^{rs} = \omega^r \hat{V}^r B^{rr} Y^{rs} + \omega^r \hat{V}^r B^{rs} Y^{ss} + \omega^r \hat{V}^r \sum_{g \neq r,s}^{m} B^{rg} Y^{gs} \tag{5.17}$$

r 对 s 进口贸易隐含碳为：

$$C^{sr} = \omega^s V X^{sr} = \omega^s \hat{V^s} B^{ss} Y^{sr} + \omega^s \hat{V^s} B^{sr} Y^{rr} + \omega^s \hat{V^s} \sum_{g \neq s,r}^{m} B^{sg} Y^{gr} \qquad (5.18)$$

其中 ω^r，ω^s 表示，r 区域，s 区域各个部门完全碳排放强度，VX^{rs} 表示 r 区域对 s 区域的出口增加值，VX^{sr} 表示 r 区域对 s 区域的进口增加值。

2. 传统贸易额计算方法测算区域间双边的贸易隐含碳公式

r 对 s 出口贸易隐含碳为：

$$C^{ex} = \omega_i E^{rs} \qquad (5.19)$$

r 对 s 进口贸易隐含碳为：

$$C^{im} = \omega_j E^{sr} \qquad (5.20)$$

其中，E_{rs} 表示 r 区域对 s 区域的出口额，E_{sr} 表示 r 区域对 s 区域的进口额。

三、主要研究内容

通过对贸易隐含碳相关文献的梳理、归纳和分析，很多学者已经在该领域取得了不少的研究成果，但依然存在一定的局限性。一方面，现有对贸易隐含碳问题的研究一些是采用单区域环境投入产出法，假定技术同质性，即假定国外生产技术与国内技术相同，忽略了各国在能源使用效率和生产技术方面的差异。或采用竞争型的多区域环境投入产出法，该方法虽然遵循了技术异质性，但并未区分中间投入和一般产品进口，使得计算的结果存在误差。另一方面，在贸易隐含碳相关问题的研究中，多数研究测算出口贸易隐含碳排放时往往会忽略产品出口加工后再进口回国内部分，重复进出口这部分产品的生产和消费都在国内，为避免高估一国的出口隐含碳，应将这部分产品产生的碳排放从出口隐含碳中扣除。现有的研究中对于一国在贸易活动中出口结构的分析主要针对一国整体或国家之间由于贸易活动产生的隐含碳，在出口结构方面对于隐含碳影响的细化研究相对较少。将从以下两个方面对中国贸易隐含碳进行测算研究。

（一）中国与主要贸易经济体贸易隐含碳测算

基于世界投入产出表和环境账户，将两表中的56个行业整合成28个行业，构建了包含中国、欧盟、美国、日本、韩国、澳大利亚、巴西、俄罗斯、印度、印尼及世界其他国家共11个区域28个行业的非竞争多区域投入产出模型，分别用传统贸易统计方法和增加值贸易统计方法测算了中国整体及各行业与主要贸易经济体间的贸易情况，在此基础上测算分析了中国与主要贸易经济体间贸易隐含碳的规模与行业结构特征，并进一步从规模效应、结构效应、技术效应分解中国与主要贸易经济体贸易隐含碳增加的原因，更深层次探究中国与主要贸易经济体贸易隐含碳的行业特性。

（二）东北地区贸易隐含碳测算

基于中国多区域投入产出表和30个省（区、市）①排放清单，统一行业口径分别将中国多区域投入产出表中的42个行业与30个省（区、市）碳排放清单表中的47个行业整合成21个行业，构建东北地区与中国其他地区2个区域21个行业非竞争投入产出模型，测算了东北地区及中国其他地区21个行业的碳排放强度、增加值贸易碳转移额、增加值贸易隐含碳转移及东北地区的增加值贸易出口隐含碳，并从整体及行业两个层面进行分析，探索东北地区贸易隐含碳的行业结构特征。

第二节　国家间贸易隐含碳规模测算与分析

一、构建非竞投入产出模型

单区域投入产出法采用的单个国家的投入产出表，它假设世界其他国家

---

① CEADs数据库提供的碳排放清单只包含了除中国香港、澳门、台湾、西藏以外的30个省（区、市），为保持数据的一致性，本书合并中国多区域投入产出表时合并除香港、澳门、台湾、西藏以外的30个省（区、市）。

的投入产出技术与本国一致，即国外生产部门与本国具有相同的生产技术和碳排放技术，假定国外部门的碳排放强度与国内相同，这种粗略的计算方式势必会造成贸易隐含碳排量的测算结果不准确。以往的实证已证明，单区域投入产出法容易造成隐含碳排放量被高估。鉴于单区域投入产出法存在的局限性，多区域投入产出法从技术异质性出发，它摒弃单区域投入产出法对进口来源地技术相同的假定。多区域投入产出法基于世界投入产出表进行测算，世界投入产出表包含各主要国家的投入产出数据，能计算出各国的完全碳排放强度。本书选取了同中国贸易往来的主要贸易经济体，构建了包含中国、欧盟、美国、日本、韩国、澳大利亚、巴西、俄罗斯、印度、印尼及世界其他国家共 11 个区域 28 个行业的非竞争多区域投入产出模型，如表 5-2 所示。

表 5-2　非竞争性投入产出表

投入要素	国家（或地区）	中间产品				最终消费				总产出
		中国	欧盟	…	世界其他国家	中国	欧盟	…	世界其他国家	
中间投入	中国	$A^{(1,1)}$	$A^{(1,2)}$	…	$A^{(1,11)}$	$Y^{(1,1)}$	$Y^{(1,2)}$	…	$Y^{(1,11)}$	X^1
	美国	$A^{(2,1)}$	$A^{(2,2)}$	…	$A^{(2,11)}$	$Y^{(2,1)}$	$Y^{(2,1)}$	…	$Y^{(2,11)}$	X^2
	…	…	…	…	…	…	…	…	…	…
	世界其他国家	$A^{(11,1)}$	$A^{(11,2)}$	…	$A^{(11,11)}$	$Y^{(11,1)}$	$Y^{(2,11)}$	…	$Y^{(11,11)}$	X^n
增加值		V^1	V^2	…	V^n					
总投入		X^1	X^2	…	X^n					

其中，中间投入 $A^{(r,s)}$（r=1，2，…，11，s=1，2，…，11）是 28×28 阶矩阵，表示一经济体内部和其他经济体间 28 个行业的投入产出关系，$Y^{(r,s)}$（r=1，2，…，11，s=1，2，…，11）是 28×1 的列向量，代表经济体内部的最终消

费和出口到其他经济体的最终消费。X^r（r=1，2，$\cdots$，11）为 28×1 的列向量，表示一个各行业的总产出。

根据投入产出模型的平衡条件：中间使用 + 最终消费 = 总产出，模型构建如下：

$$\begin{bmatrix} a^{(1,1)} & \cdots & a^{(1,11)} \\ a^{(2,1)} & \cdots & a^{(2,11)} \\ \vdots & \ddots & \vdots \\ a^{(11,1)} & \cdots & a^{11 \ 11} \end{bmatrix} \begin{bmatrix} X^1 \\ X^2 \\ \vdots \\ X^{11} \end{bmatrix} + \begin{bmatrix} Y^{(1,1)} + \sum_{j \neq 1}^{11} Y^{(1,j)} \\ Y^{(2,1)} + \sum_{j \neq 2}^{11} Y^{(2,j)} \\ \vdots \\ Y^{(11,1)} + \sum_{j \neq 11}^{11} Y^{(11,j)} \end{bmatrix} = \begin{bmatrix} X^1 \\ X^2 \\ \vdots \\ X^{11} \end{bmatrix} \quad （5.21）$$

其中：

$$a^{(r,s)} = \frac{A^{(r,s)}}{X^r} \quad （5.22）$$

$a^{(r, s)}$ 为 28×28 的直接消耗系数矩阵，$a^{(r, r)}$ 表示 r 经济体某部门生产单位产品所需要消耗的其他部门产品的数量，$a^{(r, s)}$ 表示 r 经济体某部门生产单位产品所需要消耗 s 经济体各部门产品的数量，$Y^{(r, r)}$ 表示的是经济体 r 对本经济体内生产的最终消费品的需求，$Y^{(r, s)}$ 则是经济体 s 对经济体 r 生产的最终消费品的需求。根据世界投入产出表（WIOT）的统计口径，本书对最终消费品的需求统计内容包含了为家庭服务的非营利组织的最终消费支出（NPISH）、政府最终消费支出、固定资本形成总额、库存和贵重物品的变化、家庭最终消费支出五个部分。公式（5.23）可以简化为：

$$AX + Y = X \quad （5.23）$$

将式子进行变换得到投入产出的一般形式：

$$X = (I - A)^{-1} Y \quad （5.24）$$

其中，$(I–A)^{-1}$ 也就是所谓的 Leontief 列昂惕夫逆矩阵，又称完全需求系数矩阵，反映不同经济部门之间的联系。

本节先根据本章第一节介绍的贸易额计算方法，分别测算中国与 11 个主要贸易经济体间的传统贸易进出口额与增加值贸易进出口额，再根据本章第一节介绍的贸易隐含碳测算方法分别测算中国与主要贸易经济体间的传统贸易隐含碳与增加值贸易隐含碳。从整体和行业两个角度分析中国与主要贸易经济体间的贸易隐含碳转移状况。

二、数据来源与处理

（一）数据来源

本节所需要的非竞争性投入产出数据来源于世界投入产出数据库发布的2016版本（WIOD2016），涵盖2000—2014年28个欧盟国家和世界上其他15个主要国家。相比WIOD2013版本WIOD2016多了3个国家（瑞士、挪威、克罗地亚），原来的35个行业拆分整合为56个，数据更具体全面。各经济体各行业的碳排放量源于世界投入产出数据库，欧盟委员会联合研究中心发布的2000—2016年按行业和国别划分的环境账户。

（二）数据处理

为了更好分析有代表性的行业特征，本书通过合并将产业部门缩减为28个行业。具体地，将纺织品和纺织产品、皮革鞋类合并为纺织皮革产业；批发贸易、零售住宿餐饮业合并为批发零售住宿餐饮业；将陆路、水路、空运运输和其他运输方式合并为交通运输业，合并后的行业部门具体如表5-3所示。

表5-3　合并后行业代码

编号	2016版世界投入产出表行业编号	行业
a1	r1+r2+r3	农林牧渔业
a2	r4	采矿和采石业
a3	r5	食品饮料和烟草制品制造业
a4	r6	纺织品、服装和皮革制品制造业
a5	r7	木材加工及家具制造业
a6	r8+r9	纸浆印刷和出版业

续表

编号	2016 版世界投入产出表行业编号	行业
a7	r10	焦炭和精炼石油产品制造业
a8	r11+r12	化学制品业
a9	r13	橡胶和塑料制品制造业
a10	r14	非金属矿产品制造业
a11	r15	金属制造业
a12	r16+r19+r23	机械设备制造业
a13	r17+r18	电气和光学设备制造业
a14	r20+r21	交通运输设备制造业
a15	r22	其他制造业
a16	r24+r25+r26	电力、天然气和供水业
a17	r27	建筑业
a18	r28+r29+r30	批发和零售业
a19	r31+r32+r33+r34	交通运输和仓储业
a20	r35+r39+r40	邮电通信业
a21	r36	住宿和餐饮服务活动业
a22	r41+r42+r43	金融业
a23	r44	房地产业
a24	r45+r46+r47+r48+r49	租赁和商务服务业
a25	r37+r50+r51	公共行政与国防业
a26	r38+r52	教育业
a27	r53	卫生和社会工作业
a28	r54+r55+r56	其他服务业

三、中国与主要贸易经济体碳排放分析

（一）不同贸易统计方法下中国进出口贸易现状

本书分别运用传统贸易统计方法和增加值贸易两种统计方法测算中国主要贸易经济体间的进出口贸易额，并对两者的结果进行详细比较如图 5-2 和图 5-3 所示。

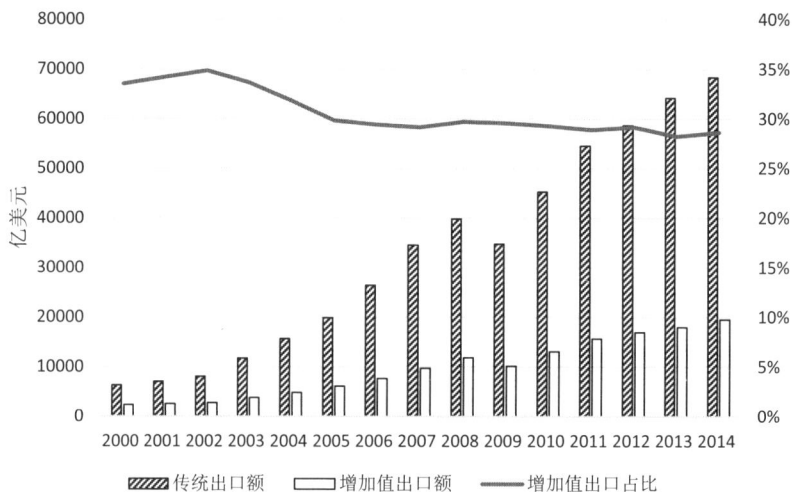

图 5-2　两种贸易统计方法下 2000—2014 年中国出口总额状况

数据来源：世界投入产出数据库。

根据增加值贸易统计方法概念，传统贸易额可以分为两个部分，分别是本国增加值和外国增加值。由图 5-2 可看出，在增加值贸易的统计方法下，2000年中国对主要贸易经济体增加值出口贸易总额为 2180.89 亿美元，2014 年则上升至 19809.85 亿美元，14 年间增长了 9.08 倍；在传统贸易的统计方法下，2000 年中国对主要贸易经济体出口贸易总额为 6509.09 亿美元，2014 年则上升至 69326.29 亿美元，14 年间增长了 10.65 倍。虽然在不同的统计方法下，中国对主要贸易国家的出口总规模都呈现出快速增长趋势，但增加值贸易出口额占传统贸易出口额的比重呈现出平缓的下降趋势。中国增加值贸易额出口占比由2000 年的 33.5%，到 2014 年下降至 28.6%，每年平均下降大约 0.3 个百分点。

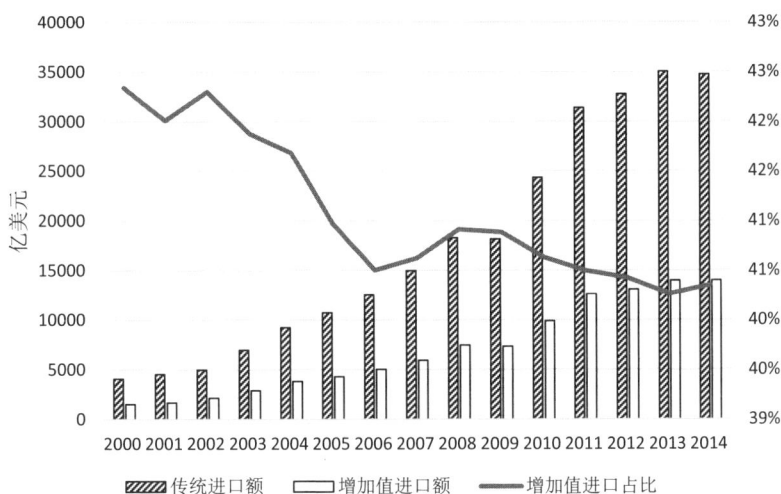

图 5-3　两种贸易统计方法下 2000—2014 年中国进口总额状况

数据来源：世界投入产出数据库。

由图 5-3 可以看出，在增加值贸易的统计方法下，2000 年中国对主要贸易经济体的增加值进口贸易总额为 1767.08 亿美元，2014 年则上升至 13983.58 亿美元，14 年间增长了 6.91 倍；在传统贸易的统计方法下，2000 年中国对主要贸易经济体的进口贸易总额为 4217.73 亿美元，2014 年则上升至 34818.76 亿美元，14 年间增长了 7.26 倍。在不同的贸易统计方法下，中国对主要贸易经济体的进口的总规模和增长速度都要低于出口。相比于中国对主要贸易经济体的增加值贸易出口占比较为平缓的下降趋势，中国对主要贸易经济体的增加值贸易进口占比的波动幅度更小，也更加平稳。2000 年中国增加值贸易额进口占比为 41.90%，到 2014 年下降到 40.16%，14 年间仅向下波动了 1.74 个百分点。

对比图 5-2 和图 5-3，增加值贸易统计方法下，2000 年中国对主要贸易经济体的净出口为正，顺差额为 413.79 亿美元，2014 年净出口依然为正，顺差额扩大为 5826.27 亿美元，14 年间顺差额扩大了 13.08 倍；传统贸易统计方法下，2000 年中国对主要贸易经济体的顺差额为 2291.36 亿美元，2014 年顺差额则为 34507.53 亿美元，14 年间顺差额增长了 14.06 倍。

对 2000—2014 年不同贸易统计方法下中国对主要贸易经济体进出口贸易

现状的分析，有以下几点初步的认识。

第一，无论是新增加值统计视角还是传统贸易视角，从 2000—2014 年中国对主要贸易经济体的进出口贸易均呈现上升趋势，贸易规模不断扩大。且中国一直处于贸易顺差的地位。

第二，对比两种统计方法的结果，传统贸易统计方法夸大了真实贸易额，与新增加值贸易统计测算结果相比，2000—2014 年中国对主要贸易经济体出口贸易的真实规模平均被高估了 228.13%，进口贸易真实规模平均被高估了 145.11%。中国主要通过贸易再加工的形式进入全球价值链，进口中间产品在国内加工后再出口，中间产品在生产过程中频繁进出口，出现跨境贸易重复计算的弊端，这使得传统贸易统计方法计算的贸易额过大。

第三，在样本期内，不论何种贸易统计方法，中国对主要贸易经济体的贸易总额始终处于贸易顺差地位且呈现出持续扩大的趋势。同时，中国在对主要贸易经济体的出口贸易中，本土增加值占比在总体的趋势下呈下降趋势，下降速度缓慢且逐渐趋于平衡。在进口贸易中，外国增加值占比稍微下降，波动幅度不大。这说明随着进口加工再出口的规模不断扩大，中国成为各主要贸易经济体的中间产品生产地重要来源国。

（二）贸易碳排放强度比较分析

隐含碳排放强度指标主要被用来衡量一国经济发展同碳排放量之间的关系，反映在当下的科技发展水平和技术水平下每单位国内生产总值所带来的二氧化碳排放量。一般情况下，碳排放强度受经济波动的影响，具有不确定性，其高低不代表生产效率的高低。二氧化碳强度分为直接碳排放强度和完全碳排放强度，直接碳排放强度和完全碳排放强度是获取和测算隐含碳排放数据的前提，完全碳排放表示的是各部门每个单位产出所产生的直接和间接二氧化碳排放之和。

分别计算了中国、欧盟、美国、日本、韩国、澳大利亚、巴西、俄罗斯、印度、印尼及世界其他国家共 11 个区域 28 个行业，2000—2014 年的碳排放强度系数，并以样本期内碳排放强度系数均值绘制直接碳排放强度和完全碳排放强度行业分布图，如图 5-4 和图 5-5 所示。以中国样本期内的直接碳排放强度与其他各国直接碳排放强度的平均系数差绘制图 5-5。

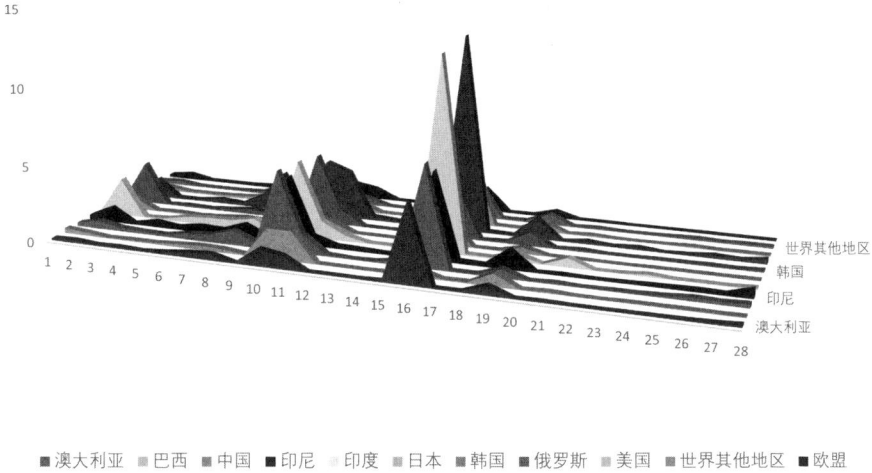

图 5-4 中国与主要贸易经济体各行业直接碳排放强度

数据来源：世界投入产出数据库。

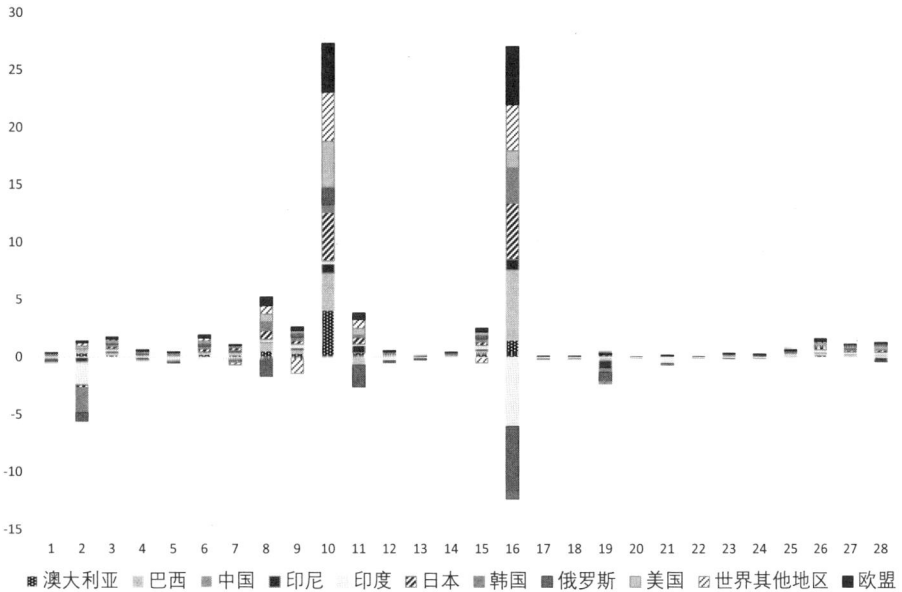

图 5-5 中国与主要贸易经济体各行业直接碳排放强度差

数据来源：世界投入产出数据库。

从图 5-4 和图 5-5 可以观察到，中国、欧盟、美国、日本、韩国、澳大利亚、巴西、俄罗斯、泰国、印度及印尼各国的各行业的碳排放强度，在直接碳排放和完全碳排放都呈现出大致相同的趋势。

1. 直接碳排放强度分析

观察图 5-4 可以看出各经济体的行业直接碳排放强度分布趋势大致相同，各经济体的直接碳排放强度呈现出行业密集性特征，如"采矿和采石业""非金属矿产品制造业""金属制造业""交通运输和仓储业"的碳排放强度非常大，尤其是"电力、天然气和供水业"的直接碳排放强度远超其他行业。

从图 5-5 中可以观察中国与各经济体的直接碳排放强度差主要体现在"采矿和采石业""电力、天然气和供水业"，且中国大部分的行业的直接碳排放强度要高于美国、日本、韩国、澳大利亚这些发达国家的直接碳排放强度，且每个行业的直接碳排放强度全部都高于欧盟的直接碳排放强度。尤其在"非金属矿物制造业"和"电力、天然气和供水业"，中国的直接碳排放强度与发达经济体的直接碳排放强度相差较大。在样本发达经济体中，韩国的直接碳排放强度与中国最接近，在"批发和零售业""交通运输和仓储业""邮电通信业""住宿和餐饮服务活动业"这些传统服务业及"金融业"现代服务业的直接碳排放强度稍高于中国的直接碳排放强度，甚至在"采矿和采石业"的直接碳排放强度远超中国直接碳排放强度。中国、巴西、俄罗斯、印度、印尼这些发展中国家中，巴西整体的直接碳排放强度要低于其他发展中国家，除"农林牧渔业""金属制造业""批发和零售业""交通运输和仓储业"的直接碳排放强度稍高于中国直接碳排放强度，其他行业的直接碳排放强度均低于中国的直接碳排放强度，中国的直接碳排放强度在这些发展中国家中处于中等水平。

2. 完全碳排放强度分析

完全碳排放强度公式上等于直接碳排放强度与间接碳排放强度之和，因而受直接碳排放强度的影响，各行业的完全碳排放强度的分布情况与直接碳排放的分布大致相同。观察图 5-6 可以发现"电力、天然气和供水业""非金属矿产品制造业""金属制造业""采矿和采石业""化学制品业""交通运输和仓储业"是各经济体完全碳排放强度最高的六个行业。表明这类行业在各经济体都是高能耗行业，这些行业的完全碳排放强度变化对一国整体的碳排放量有着巨大影响，制定针对这类行业的节能减排相关政策，利用先进技术提高能源利用率和行业的生产加工效率，发展绿色能源，从而降低行业的完全碳排放强度，控制碳排放量。从图5-7可见中国与主要贸易经济各行业完全碳排放强度差。

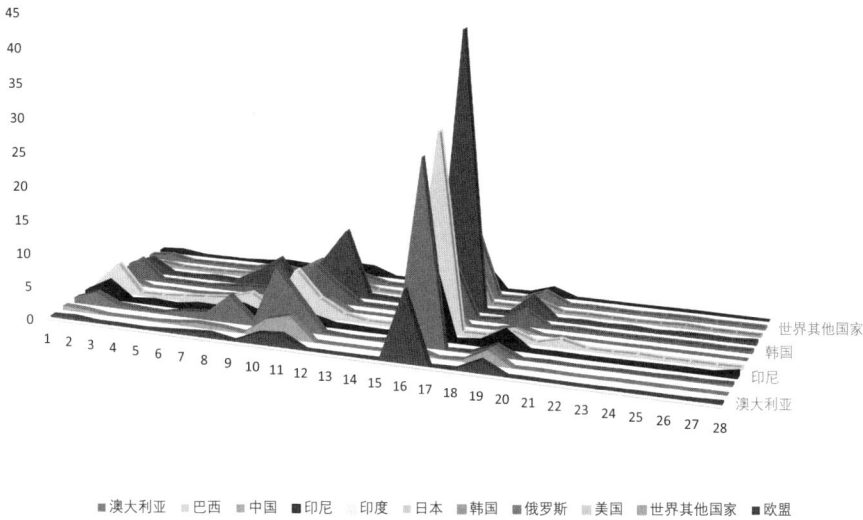

■澳大利亚　■巴西　■中国　■印尼　■印度　■日本　■韩国　■俄罗斯　■美国　■世界其他国家　■欧盟

图 5-6　完全碳排放强度

数据来源：世界投入产出数据库。

对比图5-6和图5-7可以发现，中国直接碳排放强度稍大于发达经济体，甚至有些行业的直接碳排放强度低于发达经济体。除巴西外，中国与发展中国家各国的直接碳排放强度差为负的行业占总行业的一半多。相比于直接碳排放强度，中国与发达经济体的完全碳排放强度差明显较大，且中国各行业的完全碳排放强度均高于欧盟和日本，中国与发展中国家的完全碳排放强度差在负半轴的行业数远少于直接碳排放强度差负半轴行业数。由完全碳排放强度构成可知，出现该现象说明中国各行业的间接碳排放强度要远高于其他国家，中国应按照低碳经济发展要求，加快调整产业结构，推动中间能源消耗改革进程。

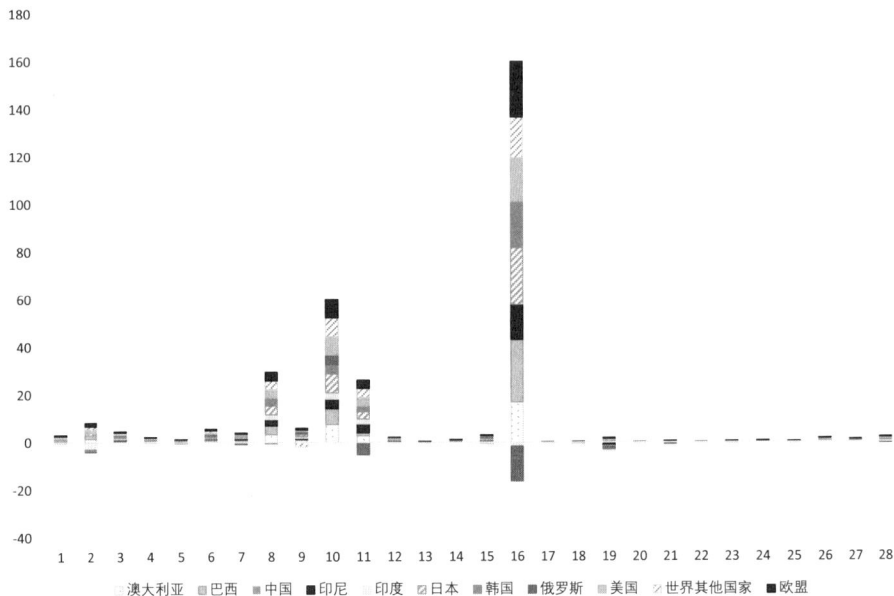

图 5-7　中国与主要贸易经济体各行业完全碳排放强度差

数据来源：世界投入产出数据库。

综上，中国的"电力、天然气和供水业"和"非金属矿物制造业"直接碳排放和完全碳排放强度横向比较于其他国家和中国的其他行业均处于较高的水平；从 2000—2014 年间的长期变化趋势来看，中国各个行业的完全碳排放系数均在逐步下降，其中下降最为明显的也是"电力、天然气和供水业"和"非金属矿物制造业"。这两大行业 2000 年的完全碳排放系数分别为 33.71千克／美元和 13.54 千克／美元；2014 年就已下降到 14.82 千克／美元和 3.89千克／美元。这归功于中国的可持续发展战略，发展绿色能源及节能减排等生产技术的创新提高，碳排放效率提高，使得中国的完全碳排放系数逐步降低。

（三）中国与主要贸易经济体间贸易隐含碳分析

本书通过获取的中国与主要贸易国的增加值贸易数据和传统贸易数据及各国的碳排放强度，计算了中国与各主要贸易国间双边贸易的隐含碳排放，基于此对不同贸易统计视角下中国与各主要贸易国间贸易往来产生的隐含碳排放水平进行了比较分析。

1. 中国出口隐含碳分析

如表 5-4 所示，2000 年中国的出口贸易隐含碳主要集中在发达经济体中的美国、欧盟和日本，基于传统贸易统计方法中国对这三个经济体的出口隐含碳排放分别高达 355.21 亿吨、259.84 亿吨、208.94 亿吨，而基于增加值贸易方法测算的出口隐含碳分别只有 101.95 亿吨、74.46 亿吨、61.81 亿吨，分别被高估了 2.48 倍、2.49 倍和 2.38 倍。在整体上中国对主要贸易经济体出口贸易隐含碳被高估 2.44 倍，且无论是用传统贸易统计方法还是用增加值统计方法，中国对发展中经济体的出口碳排放都处于一个相对较低的水平。到 2014 年基于增加值贸易统计方法测算的中国出口碳排放排前三的经济体依旧是美国、欧盟、日本，中国对这三大经济体的增加值出口碳排放分别为 217.83 亿吨、199.15 亿吨、88.46 亿吨，14 年间分别增长了 1.14 倍、1.67 倍、0.43 倍。中国对发展中经济体的出口碳排放增长速度远超发达经济体的，尤其是对俄罗斯、印度、巴西这三大经济体的增加值贸易出口碳排放，较 2000 年分别增长了 9.32 倍、8.37 倍、8.45 倍。相较于增加值贸易统计方法，2014 年基于传统贸易统计方法测算的中国对各经济体的出口隐含碳平均被高估了 3.48 倍。

表 5-4　2000 年和 2014 年两种贸易统计方法下中国对主要贸易
经济体的出口隐含碳量

（单位：亿吨）

经济体		2000			2014		
		传统	增加值	高估率	传统	增加值	高估率
发达经济体	澳大利亚	24.11	7.04	2.42	127.71	28.53	3.48
	日本	208.94	61.81	2.38	392.65	88.46	3.44
	韩国	50.56	14.73	2.43	186.15	41.44	3.49
	美国	355.21	101.95	2.48	977.62	217.83	3.49
	欧盟	259.84	74.46	2.49	888.37	199.15	3.46

经济体		2000			2014		
		传统	增加值	高估率	传统	增加值	高估率
发展中经济体	巴西	9.91	2.83	2.50	121.39	26.74	3.54
	印度尼西亚	16.56	4.82	2.44	98.09	21.65	3.53
	印度	11.42	3.26	2.50	140.10	30.56	3.58
	俄罗斯	11.62	3.43	2.39	153.73	35.40	3.34
其他	其他地区	479.10	142.13	2.37	2359.22	537.29	3.39

2. 中国进口隐含碳分析

如表 5-5 所示，2000 年中国贸易进口碳排放主要集中在俄罗斯、韩国、欧盟和日本，基于传统贸易统计方法中国对这四个经济体的进口碳排放量为 47.70 亿吨、23.93 亿吨、20.87 亿吨、17.69 亿吨，相较于中国对这四个经济体的增加值贸易出口碳排放 22.16 亿吨、8.00 亿吨、8.76 亿吨、6.77 亿吨，分别被高估了 1.15 倍、1.99 倍、1.38 倍、1.61 倍，中国对巴西的进口碳排放量最少，传统贸易统计方法测算的进口贸易隐含碳为 1.49 亿吨，增加值贸易进口隐含碳仅为 0.62 亿吨，被高估了 1.40 倍。2014 年，中国传统贸易进口隐含碳排前四的依次是俄罗斯（97.54 亿吨）、欧盟（93.43 亿吨）、韩国（82.53 亿吨）、日本（60.78 亿吨），增加值贸易进口隐含碳排前三的仍是俄罗斯（36.94 亿吨）、欧盟（34.80 亿吨）和韩国（24.16 亿吨），分别被高估了 1.64 倍、1.68 倍和 2.42 倍。增加值贸易统计方法下，2014 年中国对美国的进口贸易隐含碳为 22.39 亿吨，相比传统贸易统计方法测算的中国对美国进口贸易隐含碳被高估了 1.04 倍。将 2000 年作为基准，中国贸易出口碳排放规模最大和最小的分别是俄罗斯和巴西，14 年间中国贸易进口碳排放规模增长速度最快的巴西增长了 9.06 倍，最慢的是俄罗斯增长了 0.67 倍。14 年间澳大利亚、巴西、美国的高估率都有所减少，但日本和俄罗斯的高估率分别增加了 100 个百分点和 49 个百分点。

表 5-5　2000 年和 2014 年两种贸易统计方法下中国对主要贸易经济体的
进口隐含碳量

（单位：亿吨）

经济体		2000			2014		
		传统	增加值	高估率	传统	增加值	高估率
发达经济体	澳大利亚	6.87	2.75	1.50	29.49	13.58	1.17
	日本	17.69	6.77	1.61	60.78	16.85	2.61
	韩国	23.93	8.00	1.99	82.53	24.16	2.42
	美国	12.41	5.83	1.13	45.70	22.39	1.04
	欧盟	20.87	8.76	1.38	93.43	34.80	1.68
发展中经济体	巴西	1.49	0.62	1.40	12.68	6.24	1.03
	印度尼西亚	5.19	3.24	0.60	17.09	10.26	0.67
	印度	5.33	2.35	1.27	25.84	10.75	1.40
	俄罗斯	47.70	22.16	1.15	97.54	36.94	1.64
其他	其他地区	127.05	52.19	1.43	996.08	324.63	2.07

3. 中国净出口隐含碳分析

如表 5-6 所示，2000 年中国净出口贸易碳排放规模三个经济体依次是美国、欧盟和日本，传统贸易统计方法下中国对这三个经济体的净出口贸易隐含碳分别为 342.80 亿吨、238.97 亿吨、191.25 亿吨，相较增加值贸易统计方法对这三个经济体测算的净出口贸易隐含碳 96.12 亿吨、65.70 亿吨、55.04 亿吨，分别被高估了 2.57 倍、2.64 倍、2.47 倍。2014 年中国净出口贸易隐含碳规模最大的对象仍是美国、欧盟和日本，对其传统贸易统计方法测算的净出口贸易隐含碳分别为 931.92 亿吨、794.94 亿吨、331.87 亿吨，相较于增加值贸易统计方法测算的净出口贸易隐含碳的 195.44 亿吨、164.35 亿吨和 71.60 亿吨，分别被高估了 3.77 倍、3.84 倍、3.64 倍。2000年至 2014 年，增加值贸易统计方法下，中国对各主要贸易经济体的净出口贸易隐含碳规模都有不同程度的扩大，对发展中经济体的净出口贸易隐含碳规模的扩大速度远超对发达经济体的，尤其是对印度的净出口贸易隐含碳在14年期间增长了20.54倍。14年间，增加值贸易统计方法下中国对各经济体的净出口贸易隐含碳的高估率除了对印度尼西亚和印度有小幅度的减小，对其他经济体都有不同程度的增加，尤其是对俄罗斯的净出口贸易隐含碳的高估率高达37.49倍。无论是2000年还是2014年，增加值贸易统计方法下中国对俄罗斯的净出口贸易隐含碳量为负，即中国对俄罗斯的出口贸易隐含碳规模小于进口贸易隐含碳规模，中国对俄罗斯处于碳排放逆差，属于碳排放进口国。

表 5-6　2000 年和 2014 年两种贸易统计方法下中国对主要贸易经济体的净出口隐含碳量

（单位：亿吨）

经济体		2000			2014		
		传统	增加值	高估率	传统	增加值	高估率
发达经济体	澳大利亚	17.24	4.28	3.03	98.22	14.94	5.57
	日本	191.25	55.04	2.47	331.87	71.60	3.64
	韩国	26.63	6.72	2.96	103.62	17.28	5.00
	美国	342.80	96.12	2.57	931.92	195.44	3.77
	欧盟	238.97	65.70	2.64	794.94	164.35	3.84
发展中经济体	巴西	8.41	2.21	2.81	108.71	20.49	4.31
	印度尼西亚	11.37	1.58	6.20	81.00	11.39	6.11
	印度	6.09	0.92	5.62	114.26	19.82	4.76
	俄罗斯	−36.08	−18.73	0.93	56.19	−1.54	37.49
其他	其他地区	352.05	89.95	2.91	1363.14	212.66	5.41

通过比较分析可知，传统统计方法下贸易数据测算的出口碳排放、进口碳排放都高于增加值贸易额测算的结果，且高估率呈明显的增长趋势，这说

明传统海关统计方法不仅会高估中国与主要贸易国的贸易额，还会高估中国与主要贸易国间的贸易碳排放。因此，采用传统贸易额统计方法不仅会高估中国与主要贸易国间的真实的贸易水平，而且还使得加工贸易占出口贸易比重较大的中国遭受来自发达国家更多的指责及承担更多的减排责任。根据国际能源机构的统计，中国已在 2006 年首次超过美国成为世界上二氧化碳排放量最多的国家，在 2009 年的哥本哈根气候会议上，众多国家要求中国强制减排。整体上来看，无论是传统贸易统计方法还是增加值贸易统计方法测算进出口贸易隐含碳，中国的贸易净出口隐含碳都处于顺差地位，承担着为满足别国的消费需求而生产所产生的碳排放。

（四）增加值贸易统计方法中国与主要贸易经济体出口贸易隐含碳分析

增加值视角下，2000 年中国对主要贸易国家出口隐含碳的行业分布情况，如表 5-7 所示，中国对发达经济体的增加值贸易出口隐含碳排放和对发展中经济体的增加值贸易出口隐含碳排放均集中在"农林牧渔业""采矿和采石业""化学制品业""非金属矿产品制造业""金属制造业""电力、天然气和供水业""交通运输和仓储业"这七个行业，2000 年中国对各发达经济体在这七行业的合计增加值贸易出口隐含碳排放量与中国对各发达经济体的总增加值贸易出口隐含碳排放量的平均占比约为 91.4%，中国对发达经济体在这七个行业的合计增加值贸易出口隐含碳排放量最多的经济体是美国，碳排量为 9329.5 万吨，占对美国增加值贸易出口隐含总量的 91.5%，其次是欧盟，碳排量为 6820.5 万吨，占对欧盟增加值贸易出口隐含碳总量的 91.7%，最少的是澳大利亚 642.5 万吨，占对澳大利亚增加值贸易出口隐含碳总量的 91.3%。其中"电力、天然气和供水业"是中国对各发达经济体增加值出口贸易隐含碳排放量最多的行业，占中国对各发达经济体增加值贸易出口隐含碳总量依次为欧盟 41.3%、美国 39.9%、澳大利亚 39.3%、日本 38.3%、韩国 37.2%。

表 5-7　2000 年增加值贸易统计方法下中国对发达经济体的出口贸易隐含碳

（单位：万吨，%）

经济体	澳大利亚		日本		韩国		欧盟		美国	
行业	碳排量	占比	碳排量	占比	碳排量	占比	碳排量	占比	碳排量	占比
a1	21.4	3.0	345.5	5.6	80.8	5.5	226.9	3.1	276.9	2.7
a2	60.3	8.6	623.4	10.1	184.5	12.5	638.1	8.6	895.3	8.8
a3	3.2	0.5	81.9	1.3	12.3	0.8	35.2	0.5	32.3	0.3
a4	15.5	2.2	172.6	2.8	16.4	1.1	114.7	1.5	187.9	1.8
a5	0.5	0.1	5.8	0.1	1.5	0.1	8.0	0.1	10.7	0.1
a6	5.2	0.7	41.9	0.7	9.9	0.7	52.7	0.7	83.4	0.8
a7	4.8	0.7	37.0	0.6	11.2	0.8	48.2	0.7	62.9	0.6
a8	96.8	13.8	748.7	12.1	168.7	11.5	1015.9	13.6	1304.5	12.8
a9	2.0	0.3	12.1	0.2	2.1	0.1	19.6	0.3	23.4	0.2
a10	52.1	7.4	423.1	6.8	103.9	7.1	518.4	7.0	847.6	8.3
a11	62.5	8.9	579.6	9.4	200.6	13.6	763.3	10.3	1094.7	10.7
a12	8.8	1.3	65.1	1.1	13.9	0.9	103.5	1.4	148.3	1.5
a13	4.2	0.6	34.2	0.6	7.4	0.5	54.6	0.7	76.1	0.8
a14	1.0	0.2	7.7	0.1	2.2	0.2	12.2	0.2	15.1	0.2
a15	0.9	0.1	6.6	0.1	1.3	0.1	14.8	0.2	31.9	0.3
a16	276.6	39.3	2366.2	38.3	548.1	37.2	3074.2	41.3	4069.0	39.9
a17	0.0	0.0	0.2	0.0	0.0	0.0	0.4	0.0	0.4	0.0
a18	10.2	1.5	89.4	1.5	17.6	1.2	116.9	1.6	159.5	1.6
a19	72.8	10.3	518.1	8.4	85.6	5.8	583.7	7.8	841.5	8.3
a20	0.2	0.0	1.2	0.0	0.3	0.0	1.6	0.0	1.9	0.0
a21	0.6	0.1	8.2	0.1	0.7	0.1	5.8	0.1	5.3	0.1
a22	0.4	0.1	3.0	0.1	0.6	0.0	3.8	0.1	5.1	0.1
a23	0.2	0.0	1.4	0.0	0.3	0.0	2.0	0.0	2.4	0.0

经济体	澳大利亚		日本		韩国		欧盟		美国	
行业	碳排量	占比	碳排量	占比	碳排量	占比	碳排量	占比	碳排量	占比
a24	0.9	0.1	1.9	0.0	1.2	0.1	7.8	0.1	5.0	0.1
a25	0.0	0.0	0.0	0.0	0.0	0.0	0.0	0.0	0.0	0.0
a26	0.0	0.0	0.2	0.0	0.1	0.0	0.3	0.0	0.4	0.0
a27	0.0	0.0	0.1	0.0	0.0	0.0	0.1	0.0	0.1	0.0
a28	2.7	0.4	6.1	0.1	1.2	0.1	23.1	0.3	13.4	0.1

如表 5-8 所示，中国对发展中经济体的增加值贸易出口隐含碳主要集中在 "农林牧渔业""采矿和采石业""化学制品业""非金属矿产品制造业""金属制造业""电力、天然气和供水业""交通运输和仓储业"，和对发达经济体增加值贸易出口隐含碳集中的行业相同，中国对各发展中经济体在这七大行业的合计增加值贸易出口隐含碳排放量与中国对各发展中经济体的总增加值贸易出口隐含碳排放量的平均占比约为 91.4%。中国对发展中经济体在这七个行业的合计增加值贸易出口隐含碳排放量最多的经济体是印度尼西亚，碳排量为 444.1 万吨，占对印度尼西亚增加值贸易出口隐含碳总量的 92.2%，其次是印度，碳排量为 306.3 万吨，占对印度增加值贸易出口隐含碳总量的 93.9%，最少的是巴西，碳排量为 263.2 万吨，占对巴西增加值贸易出口隐含碳总量的 92.9%，同样 "电力、天然气和供水业" 也是中国对各发展中经济体增加值出口贸易隐含碳排放量最多的行业，占中国对各发展中经济体增加值贸易出口隐含碳总量依次为俄罗斯 39.6%、印度尼西亚 39.0%、巴西 38.8%、印度 37.3%。除上述七个行业，中国对俄罗斯增加值贸易出口隐含碳在 "纺织品、服装和皮革制品制造业" 排放量较多，碳排量为 25.7 万吨，占中国对俄罗斯增加值贸易出口隐含碳总量的 7.5%。

表5-8 2000年增加值贸易统计方法下中国对发展中经济体的出口贸易隐含碳

（单位：万吨，%）

经济体	巴西		印度尼西亚		印度		俄罗斯	
行业	碳排量	占比	碳量	占比	碳排量	占比	碳排量	占比
a1	5.6	2.0	21.6	4.5	7.3	2.3	24.6	7.2
a2	31.8	11.2	61.2	12.7	40.4	12.4	27.1	7.9
a3	0.8	0.3	4.2	0.9	0.8	0.2	3.1	0.9
a4	1.9	0.7	1.5	0.3	2.1	0.7	25.7	7.5
a5	0.2	0.1	0.2	0.1	0.2	0.1	0.2	0.1
a6	2.4	0.9	3.7	0.8	3.3	1.0	2.2	0.7
a7	2.9	1.0	4.5	0.9	2.5	0.8	2.7	0.8
a8	51.5	18.2	61.0	12.7	62.5	19.1	52.6	15.3
a9	0.6	0.2	0.9	0.2	0.5	0.1	0.5	0.1
a10	17.5	6.2	26.7	5.5	16.7	5.1	18.3	5.3
a11	28.8	10.2	57.7	12.0	38.5	11.8	17.4	5.1
a12	3.4	1.2	8.2	1.7	3.3	1.0	3.0	0.9
a13	2.1	0.7	1.3	0.3	1.3	0.4	0.5	0.2
a14	0.3	0.1	4.4	0.9	0.4	0.1	0.3	0.1
a15	0.2	0.1	0.2	0.1	0.2	0.1	0.2	0.1
a16	110.0	38.8	187.9	39.0	121.8	37.3	136.0	39.6
a17	0.0	0.0	0.0	0.0	0.0	0.0	0.0	0.0
a18	4.4	1.5	6.1	1.3	4.3	1.3	5.9	1.7
a19	18.0	6.3	28.0	5.8	19.1	5.9	21.8	6.4
a20	0.1	0.0	0.1	0.0	0.1	0.0	0.1	0.0
a21	0.2	0.1	0.3	0.1	0.1	0.0	0.2	0.1
a22	0.1	0.1	0.2	0.1	0.1	0.0	0.2	0.1
a23	0.1	0.0	0.1	0.0	0.1	0.0	0.1	0.0

经济体	巴西		印度尼西亚		印度		俄罗斯	
行业	碳排量	占比	碳量	占比	碳排量	占比	碳排量	占比
a24	0.2	0.1	0.7	0.1	0.2	0.1	0.1	0.0
a25	0.0	0.0	0.0	0.0	0.0	0.0	0.0	0.0
a26	0.0	0.0	0.0	0.0	0.0	0.0	0.0	0.0
a27	0.0	0.0	0.0	0.0	0.0	0.0	0.0	0.0
a28	0.3	0.1	0.7	0.2	0.6	0.2	0.4	0.1

2014 年增加值贸易统计方法下中国对发达经济体的出口贸易隐含碳如表 5-9 所示。从表中可知，2000—2014 年这 14 年间中国对发达经济体增加值贸易出口隐含碳的集中趋势变化不大，仍旧集中在 "农林牧渔业" "采矿和采石业" "化学制品业" "非金属矿产品制造业" "金属制造业" "电力、天然气和供水业" "交通运输和仓储业" 这七个行业，2014 年中国对发达经济体的增加值贸易出口隐含碳中在这七个行业的平均占比约为 92.2%，虽然中国对发达经济体在这七个行业的合计增加值贸易出口隐含碳排放量在总增加值贸易出口隐含碳排放量的占比的增长幅度不大，但在这七个行业，中国出口到发达经济体的增加值贸易隐含碳总量增长了 1.2 倍，其中对澳大利亚的增加值贸易出口隐含碳规模增长最快，增长了 3.1 倍，其次是韩国增长了 1.8 倍，增长速度最缓的是日本，增长了 44.9%，从整体上来看中国的出口碳排放规模增长较快，但从出口碳排放的行业结构变化来看，各个行业的变化趋势和强度并不相同。

从碳排放集中的七个行业来看，在 "金属制造业"，中国对发达经济体的增加值贸易出口隐含碳增长速度最快，增长了 2.0 倍，其次是 "电力、天然气和供水业"，增长了 1.6 倍，增长最慢的行业是 "交通运输和仓储业"，14 年间仅增长了 4.6%，甚至在对日本的 "非金属矿产品制造业" 和 "电力、天然气和供水业" 的增加值贸易出口隐含碳出现了负增长。

表5-9 2014年增加值贸易统计方法下中国对发达经济体的出口贸易隐含碳

（单位：万吨，%）

经济体	澳大利亚		日本		韩国		欧盟		美国	
行业	碳排量	占比	碳排量	占比	碳排量	占比	碳排量	占比	碳排量	占比
a1	108.0	3.8	458.7	5.2	153.7	3.7	733.1	3.7	763.7	3.5
a2	215.5	7.6	649.3	7.3	330.4	8.0	1497.0	7.5	1641.8	7.5
a3	19.4	0.7	102.9	1.2	33.6	0.8	124.1	0.6	124.1	0.6
a4	28.7	1.0	97.6	1.1	28.8	0.7	180.6	0.9	209.3	1.0
a5	3.4	0.1	11.2	0.1	4.0	0.1	25.6	0.1	27.2	0.1
a6	8.6	0.3	25.7	0.3	10.4	0.3	58.3	0.3	64.1	0.3
a7	32.3	1.1	93.5	1.1	46.4	1.1	219.1	1.1	232.9	1.1
a8	370.1	13.0	1077.7	12.2	471.3	11.4	2460.9	12.4	2752.5	12.6
a9	38.5	1.4	101.4	1.2	33.5	0.8	221.6	1.1	257.2	1.2
a10	135.7	4.8	378.3	4.3	285.9	6.9	845.9	4.3	912.1	4.2
a11	379.3	13.3	1184.7	13.4	654.1	15.8	2699.6	13.6	3053.1	14.0
a12	19.7	0.7	53.8	0.6	26.0	0.6	133.5	0.7	151.8	0.7
a13	19.9	0.7	74.3	0.8	25.2	0.6	149.8	0.8	169.5	0.8
a14	2.7	0.1	6.2	0.1	3.1	0.1	19.0	0.1	22.4	0.1
a15	4.6	0.2	10.6	0.1	4.4	0.1	44.8	0.2	51.7	0.2
a16	1315.1	46.1	4053.1	45.8	1837.3	44.3	9279.2	46.6	10133.2	46.5
a17	0.1	0.0	0.3	0.0	0.1	0.0	0.8	0.0	0.8	0.0
a18	26.1	0.9	84.7	1.0	32.3	0.8	198.4	1.0	207.5	1.0
a19	100.0	3.5	320.4	3.6	131.3	3.2	799.9	4.0	846.1	3.9
a20	0.2	0.0	0.6	0.0	0.3	0.0	1.6	0.0	1.6	0.0
a21	0.8	0.0	2.5	0.0	1.0	0.0	6.1	0.0	5.8	0.0
a22	3.6	0.1	11.3	0.1	4.9	0.1	26.8	0.1	28.1	0.1
a23	0.3	0.0	1.0	0.0	0.4	0.0	2.4	0.0	2.4	0.0

续表

经济体	澳大利亚		日本		韩国		欧盟		美国	
行业	碳排量	占比	碳排量	占比	碳排量	占比	碳排量	占比	碳排量	占比
a24	13.6	0.5	32.9	0.4	19.4	0.5	147.7	0.7	91.0	0.4
a25	0.2	0.0	0.6	0.0	0.3	0.0	2.0	0.0	1.6	0.0
a26	0.1	0.0	0.3	0.0	0.1	0.0	0.7	0.0	0.7	0.0
a27	0.0	0.0	0.1	0.0	0.0	0.0	0.1	0.0	0.0	0.0
a28	6.1	0.2	12.3	0.1	5.2	0.1	36.5	0.2	30.5	0.1

2014 年增加值贸易统计方法下中国对发达经济体的出口贸易隐含碳如表 5-10 所示，中国对发展中国家的出口碳排放在总量这七大行业平均占比约为 92.4%，相比 2012 年仅增长了 1 个百分点，但在规模上中国在这七个行业对发展中经济体的增加值贸易出口隐含碳总规模增长了 7.1 倍，其中对俄罗斯的增加值贸易出口隐含碳规模增长最快，增长了 10.7 倍，对巴西和印度尼西亚的增长速度相当，分别增长了 9.5 倍和 9.3 倍，增长最慢的是对印度的增加值贸易出口隐含碳规模，增长了 4.6 倍，整体上来看中国对发展中国家的增加值贸易出口隐含碳的规模增长速度要快于对发达经济体。

表 5-10　2014 年增加值贸易统计方法下中国对发达经济体的出口贸易隐含碳

（单位：万吨，%）

经济体	巴西		印度尼西亚		印度		俄罗斯	
行业	碳排放量	占比	碳排放量	占比	碳排放量	占比	碳排放量	占比
a1	84.2	3.2	81.1	3.8	72.5	2.4	274.6	7.8
a2	204.6	7.7	177.8	8.2	249.5	8.2	225.1	6.4
a3	16.0	0.6	14.0	0.7	12.4	0.4	31.6	0.9
a4	18.2	0.7	9.4	0.4	11.1	0.4	127.7	3.6
a5	2.1	0.1	1.7	0.1	2.9	0.1	3.3	0.1
a6	6.4	0.2	5.2	0.2	9.3	0.3	12.7	0.4

续表

经济体	巴西		印度尼西亚		印度		俄罗斯	
行业	碳排放量	占比	碳排放量	占比	碳排放量	占比	碳排放量	占比
a7	29.7	1.1	26.3	1.2	35.2	1.2	35.0	1.0
a8	411.4	15.4	283.0	13.1	451.2	14.8	486.8	13.8
a9	28.9	1.1	22.6	1.0	27.7	0.9	29.0	0.8
a10	118.1	4.4	94.6	4.4	124.4	4.1	103.9	2.9
a11	372.4	13.9	345.7	16.0	493.5	16.2	325.3	9.2
a12	19.7	0.7	18.9	0.9	23.4	0.8	22.6	0.6
a13	16.7	0.6	11.4	0.5	15.7	0.5	9.5	0.3
a14	2.6	0.1	1.7	0.1	3.4	0.1	4.3	0.1
a15	3.1	0.1	1.6	0.1	5.2	0.2	2.2	0.1
a16	1217.5	45.5	975.2	45.0	1384.1	45.3	1662.1	47.0
a17	0.1	0.0	0.1	0.0	0.1	0.0	0.1	0.0
a18	22.8	0.9	16.5	0.8	22.9	0.8	40.4	1.1
a19	79.2	3.0	61.4	2.8	86.8	2.8	119.7	3.4
a20	0.2	0.0	0.1	0.0	0.2	0.0	0.3	0.0
a21	0.7	0.0	0.5	0.0	0.7	0.0	0.9	0.0
a22	3.2	0.1	2.5	0.1	3.5	0.1	4.3	0.1
a23	0.3	0.0	0.2	0.0	0.3	0.0	0.4	0.0
a24	10.5	0.4	9.8	0.5	10.3	0.3	12.9	0.4
a25	0.2	0.0	0.1	0.0	0.2	0.0	0.2	0.0
a26	0.1	0.0	0.1	0.0	0.1	0.0	0.1	0.0
a27	0.0	0.0	0.0	0.0	0.0	0.0	0.0	0.0
a28	4.7	0.2	3.8	0.2	9.5	0.3	4.6	0.1

从碳排放集中的七个行业来看，2000 年至 2014 年，中国对发达经济体

在"金属制造业"的增加值贸易出口隐含碳规模增长得最快；其次在"电力、天然气和供水业"和"农林牧渔业"有较快的增长，分别增长了8.4倍和7.7倍；在"交通运输和仓储业"增长最慢，增长了3.0倍。中国对发展中经济体增加值贸易隐含碳集中的七个行业的增加值贸易出口隐含碳规模增长均快于对发达经济体。另外，虽然中国在公共行政与国防业的出口碳排放量在各经济体中的占比很小，但从2000年至2014年的14年间中国对公共行政与国防业的出口碳排放的增长速度十分迅猛，中国在"公共行政与国防业"对各经济体的出口碳排放增长远超10倍，尤其是对巴西、印度、俄罗斯三大经济体在"公共行政与国防业"的出口碳排放量增长远超100倍。

（五）不同统计方法下中国与主要贸易经济体进出口贸易隐含碳对比分析

如表5-10所示，从行业细分来看，2014年中国对主要贸易国家无论是发达经济体还是发展中经济体的出口贸易隐含碳中，"焦炭和精炼石油产品制造业""金属制造业""电气和光学设备制造业""化学制品业""交通运输设备制造业""橡胶和塑料制品制造业"六个行业被高估得比较严重，这六个行业的出口隐含碳排放量平均被高估了4.80倍。从行业分类来看，这六大行业均属于三大行业中的制造业，且在中国生产价值链上具有低增加值特点，中国是一个制造业大国，但不是一个制造业强国，总体上还处在国际分工和产业链的中低端。中国对主要贸易经济体的出口碳排放主要集中在"电力、天然气和供水业""金属制造业""化学制品业""采矿和采石业""非金属矿物制造业""农林牧渔业""交通运输和仓储业"七个行业，这七个行业的出口碳排放量平均被高估了2.99倍，其中的"电力、天然气和供水业""金属制造业""化学制品业""非金属矿物制造业"都是资源型行业，在产品生产过程中高耗能、高污染且生产技术低也就意味着具有增加值低的特性，作为"世界工厂"的中国在和其他经济体贸易往来中承担了大部分对环境有影响的工作。

发达经济体处于全球价值链的上游和下游位置，有着决策权，并且通过自身的技术优势，将一些劳动型及制造型低增加值行业转移到劳动力较为廉价的发展中国家，自己保留对环境污染相对较小且增加值高的行业，按传统贸易统计方法计算的碳排放对发展中国家来说是十分不利的，按新增加值贸易统计数据计算的贸易碳排放剔除了中间产品贸易的重复计算，避免了这部分产品蕴含的隐含碳被重复计算，因此这新的贸易统计视角计算的贸易碳排放更加客观，使得各产品生产过程中的碳排放在全球价值链上得到更有效的公平分配。

第三节　东北地区贸易隐含碳规模测算与分析

一、构建非竞投入产出模型

基于中国的多区域投入产出表，将表中除中国香港、澳门、台湾、西藏的 30 个省（区、市）和 42 个行业部门整合成两区域和 21 个行业部门，两区域分别为东北地区（辽宁省、吉林省、黑龙江省）和其他地区，构建两区域投入产出模型如表 5-11 所示。

表 5-11　两区域投入产出表

投入要素		中间产品		最终消费		出口	总产出
		DB	QT	DB	QT		
中间投入	DB	A^{11}	A^{12}	Y^{11}	Y^{12}	EX^1	X^1
	QT	A^{21}	A^{22}	Y^{21}	Y^{22}	EX^2	X^2
增加值总额		V^1	V^2				
总投入		X^1	X^2				

其中 A^{11} 是一个 21×21 的矩阵，表示的是东北地区 21 个行业的中间投入产出关系，A^{21} 表示的是东北地区的 21 个行业中间产品生产需要其他地区的 21 个行业部门的中间投入，Y^{11} 是 21×1 的列向量，代表满足东北地区内部的最终消费需求的生产，Y^{12} 表示东北地区为满足其他地区消费需求的生产。X^1 为 21×1 的列向量，表示东北地区 21 个行业的总产出，V^1 代表东北地区 21 个行业各行业增加值总额。

根据投入产出模型的平衡条件：中间使用＋最终消费＝总产出，模型构建如下：

$$\begin{bmatrix} a^{(1,1)} & a^{(1,2)} \\ a^{(2,1)} & a^{(2,2)} \end{bmatrix}\begin{bmatrix} X^1 \\ X^1 \end{bmatrix} + \begin{bmatrix} Y^{(1,1)} + Y^{(1,2)} \\ Y^{(2,1)} + y^{(2,2)} \end{bmatrix} = \begin{bmatrix} X^1 \\ X^2 \end{bmatrix} \tag{5.25}$$

其中，$a^{(1,2)} = \dfrac{A^{(1,2)}}{X^1}$，$a^{(1,2)}$ 为 21×21 的直接消耗系数矩阵，$a^{(1,1)}$ 表示东北地区某部门生产单位产品所需要消耗的东北地区其他部门产品的数量，$a^{(1,2)}$ 表示东北地区某部门生产单位产品所需要消耗其他地区各部门产品的数量，根据中国多区域投入产出表的统计口径，本书的最终消费品的需求统计内容包含了农村居民消费、城镇居民消费、政府消费、固定资本形成总额、存货增加最终消费支出五个部分，增加值总额内容包括劳动报酬、生产税净额、固定资产折旧、营业盈余四个部分。

根据本章第一小节介绍的增加值贸易额和贸易隐含碳方法测算东北地区与中国其他区间的增加值贸易隐含碳及东北地区增加值贸易隐含碳出口。

二、数据来源与处理

本节非竞争投入产出表的数据来源于中国碳核算数据库发布的 2012 年、2015 年、2017 年的中国多区域投入产出表；东北地区和中国其他区域的行业二氧化碳排放量的数据来源于中国碳核算数据库中 2012 年 30 个省（区、市）排放清单、2015 年 30 个省（区、市）排放清单、2017 年 30 个省（区、市）排放清单，中国多区域投入产出表划分了 42 个部门，30 个省（区、市）排放清单中的部门是和中国国民经济核算使用一致的 47 个部门，为了保证数据口径的一致性，部门合并的对照表如表 5-12 所示。

表 5-12　合并后产业代码

编号	多区域投入产出表部门	30 个省（区、市）排放清单部门	行业
a1	h1	d1	农林牧渔业
a2	h2+h3+h4+h5	d2+d3+d4+d5+d6+d7	采矿和采石业
a3	h6	d9+d10+d11+d12	食品饮料和烟草制品制造业
a4	h7+h8	d13+d14+d15	纺织品、服装和皮革制品业
a5	h9	d16+d17	木材加工及家具制造业
a6	h10	d18+d19+d20	纸浆印刷和出版业
a7	h11	d21	焦炭和精炼石油产品制造业
a8	h12	d22+d23+d24+d25+d26	化学制品业
a9	h13	d27	非金属矿产品制造业
a10	h14	d28+d29	金属冶炼和压延加工业
a11	h15	d30	金属制造业
a12	h16+h17+h20+21	d31+d32+d35+d36	机械设备制造业
a13	h18	d33	交通运输设备制造业
a14	h19	d34	电气和光学设备制造业
a15	h22+h24	d37	其他制造业
a16	h23	d38	废品废料

续表

编号	多区域投入产出表部门	30个省（区、市）排放清单部门	行业
a17	h25+h26+h27	s39+d40+d41	电力、天然气和供水业
a18	h28	d42	建筑业
a19	h29+h31	d44	批发、零售和餐饮服务
a20	h30+h32	d43	运输、仓储、邮政和电信服务
a21	h33+h34+h35+h36+h37+h38+h39+h40+h41+h42	d45	其他

三、测算结果分析

（一）东北地区增加值贸易分析

东北地区与中国其他地区间的增加值贸易额如表5-13所示，整体上来看，2012年至2017年东北地区对中国其他地区的增加值贸易转出额呈增长趋势，5年间增加值贸易转出额由14864.8亿元增长至18608.9亿元，增长了25.19%，为满足东北地区的消费需求，从中国其他地区转入的增加值贸易额同样呈增长趋势，由2012年的13339.4亿元的增加值贸易转移额增长至2017年的17856.4亿元，增长了33.86%，5年间的增加值贸易净转移呈下降趋势，从2012年的0.15亿元减少到2017年的0.08亿元，降幅为46.6%。

表5-13 东北地区增加值贸易转入转出额

（单位：亿元）

行业	2012			2015			2017		
	增加值贸易转出	增加值贸易转入	净转移额	增加值贸易转出	增加值贸易转入	净转移额	增加值贸易转出	增加值贸易转入	净转移额
a1	2464.87	1065.93	0.14	3541.89	1149.51	0.24	2306.71	1045.65	0.13

续表

行业	2012			2015			2017		
	增加值贸易转出	增加值贸易转入	净转移额	增加值贸易转出	增加值贸易转入	净转移额	增加值贸易转出	增加值贸易转入	净转移额
a2	1939.05	1076.47	0.09	967.57	770.51	0.02	1339.06	856.65	0.05
a3	1194.94	322.88	0.09	1297.32	501.58	0.08	717.73	614.69	0.01
a4	53.64	433.69	−0.04	48.38	616.75	−0.06	31.61	387.25	−0.04
a5	228.00	62.31	0.02	244.31	130.07	0.01	96.40	51.16	0.00
a6	69.31	209.66	−0.01	57.68	320.33	−0.03	37.66	264.95	−0.02
a7	565.49	193.45	0.04	466.02	278.10	0.02	736.35	212.81	0.05
a8	627.52	648.61	0.00	715.97	896.39	−0.02	740.71	874.55	−0.01
a9	519.81	361.51	0.02	425.73	440.34	0.00	306.66	556.44	−0.02
a10	468.61	771.78	−0.03	215.45	618.89	−0.04	503.14	596.79	−0.01
a11	100.39	167.69	−0.01	75.34	252.46	−0.02	90.25	212.04	−0.01
a12	461.49	780.99	−0.03	256.67	1216.79	−0.10	168.71	836.94	−0.07
a13	862.76	200.16	0.07	983.06	293.90	0.07	1168.98	320.45	0.08
a14	78.31	255.56	−0.02	55.97	401.77	−0.03	47.85	252.90	−0.02
a15	15.36	20.16	0.00	20.01	45.48	0.00	39.32	38.23	0.00
a16	78.84	122.62	0.00	9.12	34.41	0.00	9.43	210.51	−0.02
a17	250.96	482.88	−0.02	299.97	518.64	−0.02	554.85	514.98	0.00
a18	292.43	1120.04	−0.08	349.02	1586.29	−0.12	985.83	877.85	0.01
a19	1200.40	1316.22	−0.01	2361.57	1672.74	0.07	2353.24	1770.54	0.06
a20	758.28	997.11	−0.02	1301.78	1334.00	0.00	1584.32	2305.89	−0.07
a21	2634.39	2729.73	−0.01	5138.66	4112.64	0.10	4790.09	5055.14	−0.03

行业	2012			2015			2017		
	增加值贸易转出	增加值贸易转入	净转移额	增加值贸易转出	增加值贸易转入	净转移额	增加值贸易转出	增加值贸易转入	净转移额
总计	14864.83	13339.44	0.15	18831.50	17191.59	0.16	18608.90	17856.43	0.08

从行业细分来看，东北地区增加值贸易转出额主要集中在"农林牧渔业""采矿和采石业""食品饮料和烟草制品制造业""交通运输设备制造业""批发、零售和餐饮服务""运输、仓储、邮政和电信服务"，这6个行业年均占东北地区增加值贸易转出的54.35%，其中"农林牧渔业"除2017年的增加值贸易转出额2306.71亿元稍低于"批发、零售和餐饮服务"的增加值贸易转出额2353.24亿元，是20个行业（除其他行业）中增加值贸易转出额占比最高的行业，2012年、2015年、2017年分别占比16.58%、18.81%、12.40%。东北地区贸易增加值贸易转入额主要集中在"农林牧渔业""采矿和采石业""化学制品业""机械设备制造业""建筑业""批发、零售和餐饮服务""运输、仓储、邮政和电信服务"，这七大行业年均占东北增加值贸易转入额的50.23%。无论是东北地区的增加值贸易转出额还是转入额在"交通运输设备制造业""批发、零售和餐饮服务""批发、零售和餐饮服务""运输、仓储、邮政和电信服务"行业的占比均较大，2012年至2017年东北地区增加值贸易额净转出增长速度最快的行业是"批发、零售和餐饮服务"，五年间增长了6.03倍，其次在"其他制造业""电力、天然气和供水业""建筑业"分别增长了1.23倍、1.17倍、1.13倍，东北地区增加值贸易净转出额在"化学制品业""废品废料业""运输、仓储、邮政和电信服务"等行业呈负增长，其中降幅最大的行业是"化学制品业"下降了5.34倍。

（二）完全碳排放强度分析

分别计算了2012年、2015年、2017年东北地区和中国其他地区，两区域21个行业的碳排放强度如图5-8所示，从图5-8可以观察到，东北地区和中国其他地区的完全碳排放强度在各行业间分布趋势呈现大致相同的趋势。

"电力、天然气和供水业"是各年份东北地区和中国其他地区碳排放强度最大的行业，2017年两区域在这行业碳排放强度分别为2.76千克/元、2.15千克/元，相比2012年，分别下降了5个百分点和30个百分点。除"电力、天然气和供水业"外，东北地区和中国其他地区在"金属冶炼和压延加工业""非金属矿产品制造业""焦炭和精练石油产品制造业""采矿和采石业""运输、仓储、邮政和电信服务"5个行业的碳排放强度在图中凸显，是碳排放强度较大行业。这6个行业都是能源密集型部门，生产单位产品所排放的二氧化碳相比于"电气和光学设备制造业""废品废料"等低碳排行业要多。且2012至2017年5年间，东北地区在"金属冶炼和压延加工业""非金属矿产品制造业"的完全碳排放强度分别增长了50个百分点、4个百分点，其中"金属冶炼和压延加工业"是东北地区碳排放强度第二大的行业，这个行业的碳排放增加会严重影响碳排放增长，不利于东北地区的低碳发展。

单位：kg/元

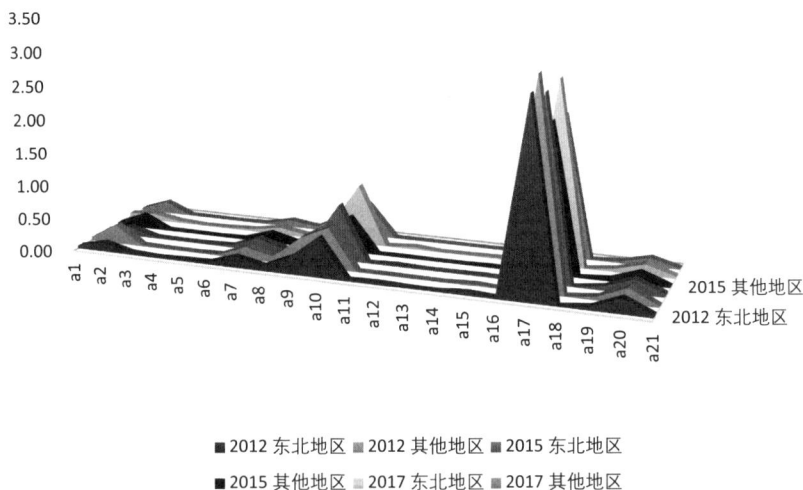

图5-8　东北地区及中国其他地区21个行业碳排放强度

数据来源：中国碳核算数据库。

（三）东北地区增加值贸易隐含碳转移分析

东北地区与中国其他地区间的增加值贸易隐含碳转移如表5-14所示，整体上来看，2012 年至 2017 年东北地区增加值贸易隐含碳的转出量呈增长趋势，由 2012 年的 11889.9 万吨的增加值贸易隐含碳转出量增长至 2017 年的 15451.3 万吨，增长了 3561.4 万吨，增长率为 29.95%，与之相反，东北地区增加值贸易隐含碳的转入量呈下降趋势，增加值贸易隐含碳转入量由 2012 年的 20571.9 万吨下降至 2017 年的 14458.9 万吨，下降了 6113.0 万吨，降幅为 29.72%，增加值贸易隐含碳的净转出量等于转出量与转入量的差，因此东北地区增加值贸易隐含碳的净转出呈增长趋势，增长了 1.11 倍。

表 5-14　东北地区增加值贸易隐含碳排放

（单位：万吨）

行业	2012			2015			2017		
	转出量	入量	净转移量	转出量	入量	净转移量	转出量	入量	净转移量
a1	663.6	369.9	293.7	912.4	291.0	621.4	1118.7	220.0	898.7
a2	1571.4	2189.5	−618.1	697.3	1045.3	−348.0	610.1	1005.1	−395.0
a3	214.6	38.1	176.5	138.1	35.7	102.4	95.5	27.3	68.2
a4	2.3	31.1	−28.8	1.5	33.7	−32.2	0.3	13.3	−13.0
a5	18.9	2.1	16.8	10.7	2.0	8.7	4.7	0.6	4.1
a6	6.9	20.8	−13.9	4.4	26.8	−22.4	1.8	13.9	−12.1
a7	520.5	198.2	322.3	449.5	214.2	235.3	291.3	104.3	187.0
a8	325.4	458.1	−132.7	341.8	334.3	7.5	147.2	305.9	−158.7
a9	500.2	713.9	−213.7	348.5	636.0	−287.5	228.2	612.7	−384.5
a10	1847.5	3679.3	−1831.8	1086.3	2432.0	−1345.7	2589.7	2086.8	502.9
a11	7.2	6.4	0.8	1.6	6.2	−4.6	1.7	7.0	−5.3
a12	72.9	53.6	19.3	27.1	74.9	−47.8	20.1	33.4	−13.3
a13	73.9	6.9	67.0	41.0	5.8	35.2	24.4	6.8	17.6
a14	1.6	4.7	−3.1	1.2	6.3	−5.1	1.0	2.5	−1.5
a15	0.3	0.5	−0.2	0.2	0.9	−0.7	0.5	0.4	0.1

续表

行业	2012			2015			2017		
	转出量	入量	净转移量	转出量	入量	净转移量	转出量	入量	净转移量
a16	1.2	1.0	0.2	0.1	0.4	−0.3	0.0	1.1	−1.1
a17	3921.6	10320.9	−6399.3	4834.2	8271.3	−3437.1	7383.1	7113.0	270.1
a18	0.9	5.4	−4.5	1.1	9.6	−8.5	1.1	2.2	−1.1
a19	370.0	444.1	−74.1	888.2	419.1	469.1	692.7	367.2	325.5
a20	1030.7	1540.8	−510.2	1864.8	1706.6	158.2	1074.5	2027.4	−952.9
a21	738.4	486.4	252.0	2176.3	734.8	1441.5	1164.6	508.1	656.5
总计	11889.9	20571.9	−8682.0	13826.3	16286.8	−2460.5	15451.3	14458.9	992.4

从行业细分来看，东北地区对中国其他地区的增加值贸易隐含碳转出量主要集中在"农林牧渔业""采矿和采石业""金属冶炼和压延加工业""电力、天然气和供水业""运输、仓储、邮政和电信服务"，东北地区在这 5 个行业对中国其他地区的增加值贸易碳转出年均占比 75.54%，其中"电力、天然气和供水业"增加值贸易隐含碳转出量行业占比最大，年均占比 38.58%。中国其他地区对东北地区的增加值贸易隐含碳转出量主要集中在"采矿和采石业""非金属矿产品制造业""金属冶炼和压延加工业""电力、天然气和供水业""运输、仓储、邮政和电信服务"，这 5 个行业对东北地区的增加值贸易隐含碳转出年均占比 88.34%，东北地区增加值贸易隐含碳转入量占比最高的行业是"电力、天然气和供水业"，年均占比 50.5%，可以看出"电力、天然气和供水业"在东北地区的增加值贸易隐含碳无论转出还是转入都是最多的行业。减少在"电力、天然气和供水业"的碳排放对整体的碳排放降低有很大的影响，东北地区增加值贸易隐含碳净转出最多的行业依次是"农林牧渔业""金属冶炼和压延加工业""批发、零售和餐饮服务"，分别为 898.9 万吨、502.9 万吨、325.4 万吨。

（四）东北地区增加值出口贸易隐含碳分析

东北地区增加值贸易出口隐含碳排放量如表 5-15 所示，整体上来看东北地区增加值贸易出口碳排放呈先减后增趋势，由 2012 年的 654.34 吨减少至 2015 年的 620.40 万吨，2017 年增长到 908.18 万吨，相比 2012 年，5 年间东北地区增加值贸易出口隐含碳增长了 253.84 万吨，增长率为 38.79%，从行业细分来看，东北地区的增加值贸易出口隐含碳量主要集中在"金属冶炼和压延加工业"，且逐年递增，年均增长率为 20.86%，"金属冶炼和压延加工业"的增加值贸易出口隐含碳年均占东北贸易增加值贸易隐含碳出口总量的50.42%，在整合的 20 个行业中（除其他行业）2012 年至 2017 年东北地区增加值贸易隐含碳在"采矿和采石业""金属冶炼和压延加工业""批发、零售和餐饮服务""电力、天然气和供水业"呈增长趋势，增幅依次为 130.97%、104.29%、73.53%、23.08%，在其他的 17 个行业的增加值贸易隐含碳出口碳排放均有不同幅度的降低。

表 5-15　东北地区出口增加值贸易出口额与出口隐含碳

（单位：亿元，万吨）

行业	2012		2015		2017	
	出口额	出口隐含碳	出口额	出口隐含碳	出口额	出口隐含碳
a1	70.55	19.00	38.15	9.83	34.95	16.95
a2	25.26	20.47	16.53	11.91	103.78	47.28
a3	56.87	10.21	29.88	3.18	43.80	5.83
a4	88.36	3.75	90.55	2.75	50.24	0.47
a5	41.30	3.43	35.88	1.57	20.64	1.00
a6	32.14	3.19	19.03	1.45	7.76	0.38
a7	43.36	39.91	13.17	12.71	32.06	12.68
a8	74.01	38.37	52.25	24.94	68.21	13.56
a9	48.19	46.37	42.65	34.91	23.40	17.42
a10	74.36	293.17	58.69	295.92	116.36	598.92

续表

行业	2012		2015		2017	
	出口额	出口隐含碳	出口额	出口隐含碳	出口额	出口隐含碳
a11	40.79	2.91	41.06	0.88	32.48	0.61
a12	128.53	20.30	116.12	12.28	154.80	18.44
a13	102.24	8.76	106.08	4.42	69.60	1.45
a14	53.97	1.12	53.97	1.18	34.74	0.74
a15	2.76	0.06	1.94	0.02	1.52	0.02
a16	1.08	0.02	0.75	0.00	1.00	0.00
a17	0.01	0.13	0.01	0.11	0.01	0.16
a18	1.45	0.00	1.56	0.00	1.23	0.00
a19	147.31	45.41	210.79	79.28	267.71	78.80
a20	71.92	97.76	85.89	123.04	137.81	93.47
a21	11.88	3.33	7.80	3.30	68.92	16.76
总计	1104.45	654.34	1014.96	620.40	1202.11	908.18

第六章
不同分配方式下碳排放责任测算及比较

第一节　基于经济伦理碳排放共同责任原则分配方案
——获利因子与效率因子的设计

一、什么是共同责任原则

本书前文已经讨论过生产责任原则和消费责任原则的定义及其优缺点，由于对二者均存在争议，这使得共同责任原则成为折中的方案。日本环境学者 Kondo 等（1998）提出了"共同责任原则"这一思路，"共同责任原则"不是简单地将排放责任分配给进口国或出口国，"共同责任原则"的含义是贸易碳排放责任由出口国和进口国按照一定的分担比例共同承担。该原则以受益者负责为理论基础，认为所有的受益者都是碳排放背后的驱动力量。生产者通过出口带动就业，为闲置劳动力创造岗位，有利于国内安定；另外凭借资源禀赋优势获得收入实现国内生产总值增长。消费者一方面得到效用满足，另一方面将落后产业或本国"三高"企业转移到他国，从而减少本国的环境成本和能源消耗，因此都应该为环境问题买单。在公平性方面，中国台湾学者冯君君（2003）认为共担责任原则符合公平原则。

徐盈之和郭进（2014）进一步提出要实现消费者与生产者共同分担，中间产品碳排放净出口国不仅为其他国家提供大量中间产品，还要承担起生产这些中间产品所排放的二氧化碳的责任，这样消费者的责任就只是中间出口品的碳排放，而最终产品的出口归为生产者责任。

随着分配公式的提出，学术研究的热点逐步转移到分配因子的确定上，如 Lenzen（2007）将分配因子赋值为部门增加值与净产出的比值；赵定涛（2013）用生产链上下游、行业本身以及最终消费之间的碳排放比例来确定分担责任；王文治、陆建明（2016）根据"受益原则"，利用 MRIO 模型中的各国各行业的贸易增加值构造分配系数。

在减排效果方面，荷兰莱顿大学环境学者 Joao F. D. Rodrigues 等（2006）认为，该原则能够鼓励各生产环节相互配合改变其环境行为以减少碳排放，不但是一种有效的激励机制，而且在理论上具有较好的减排效果。这一思路的关键主要是想在生产责任原则和消费责任原则之间找到一个发达国家和发展中国家都能够接受的有据可依的契合点，为了实现这一思路，学界目前有两种主流核算方案：一种是通过设置系数将总体排放责任分配到不同责任主体；另一种是将碳排放类型进行细分，然后分配到相应责任主体。基于以上两种方案，本章将共担责任法分为了系数法和分类法两种。

二、系数法及其不足

系数法指通过设置比例系数（即分配系数）将总体碳排放责任分配至不同责任主体的方法，其核心在于分配系数的设置，其思路大致可用公式 $RE = \beta P + (1-\beta)C$ 表示，其中 P 代表生产者责任，C 代表消费者责任，此思路的问题是没有找到一个合理的 β 取值。

Ferng 等（2003）、Rodrigues 等（2006）在这一思路的影响下，提出了生产者和消费者共担的责任分担模型，以消费者和生产者在身份上的对称性为

原则为 β 赋值为 0.5。但由于现实中生产者和消费者责任的对称性并非常态，因此平均分配的处理方法显得过于粗糙。

有部分学者对 Ferng 的方法提出了质疑，Lenzen 等（2007）使用生命周期法对 Ferng 的方法进行剖析，认为该方法在评估生产者责任时存在重复计算，进一步提出根据各部门的增加值来确定生产者和消费者的碳排放责任份额，分配因子等于增加值与净产出之比，并在此基础上提出了以增加值与净产出比值为分担系数的 SCR 模型。

佘群之等（2014）使用这一模型核算了中国各产业部门在共担责任视角下的碳责任。提出大规模的进口中间投入品是导致消费核算碳排放量大于生产核算碳排放量的一个重要原因，尤其是对于农林牧渔、采掘、石油加工、炼焦以及核燃料加工这五个大规模进口中间投入品的行业，采用共同责任原则能够很大程度上避免碳泄漏的问题，减轻中国在这几个行业中本不该承担的责任。

徐盈之等（2013）在此基础上分析了各产业部门在生产和消费两个层面内的碳排放及其部分转移机制，并对分配系数进行改进，以此核算了各产业部门的生产侧碳责任和消费侧碳责任，并指出了我国碳排放的净出口现象是进出口产品类别的两极分化导致的。我国出口产品以劳动密集型和资源密集型的初级加工品为主，而进口的产品以资本密集型和知识密集型的深加工产品为主。

朱点钰等（2018）从国内碳排放的角度出发将一个区域的碳排放责任分为三个部分：自身生产用于其他区域的排放，其他地区生产用于本区域消费的排放，自身用于其他区域又返回到本区域消费的排放。并设置了省际贸易系数 β，根据各个省经济发展水平、资源禀赋等特征确定系数的取值。尽可能地保证了碳排放责任分配的公平性。

赵定涛等（2013）选取行业增加值作为指标构建了 SCR 模型，以此确定上下游各方责任分摊比例，并对中国重点出口行业进行了实证分析，认为这一核算模型体现了收益与责任匹配的原则。指出了共同责任模型既可以限制发达国家无止境地将高污染低附加值的产业转移到发展中国家，又可以保证发展中国家在碳制约条件下国际贸易得以顺利进行，为发展中国家产业结构调整和生产效率提升提供了压力和动力。

王文治和陆建明（2016）对 Kondo 的思路进行改进，以贸易隐含碳净额分担对象，根据"受益原则"用全球贸易增加值构造的分配因子基于 FULL-MRIO 模型测算了中国 2007 和 2010 年 30 个省域的生产侧碳责任、消费侧碳责任和碳排放空间转移净值，得出虽然中国承担了多余的碳排放责任，但总体上中国承担的碳排放责任与在国际上的获利是同比例的。

除此之外，也有学者从其他角度设置分配系数。如张同斌等（2018）从碳排放责任系数和产品责任系数两个方面对共同责任模型进行了优化，认为这一优化不仅能够体现产品在全球价值链上生产和流动情况，而且体现了碳排放责任在各国之间的收入和流出特征。

基于系数法进行共同责任分配的核算方法在公平性方面有着巨大的优势，但也有自身的不足之处。第一，责任分担主体的选择。现有研究分担方案中涵盖了生产者或消费者，但没有足够合理地同时涵盖两者的分配方案，且科学性和合理性评价方面也没有统一的标准。第二，分担系数的设计。相较于分担主体的选择，分担系数的设计角度则更为丰富，但现有文献中鲜有对设计合理性进行阐述的研究。如果这一类方法想要进一步发展，那么让研究者在研究中有据可依是亟待解决的问题。

三、分类法及其不足

投入产出模型不仅可以核算某一责任视角下的区域碳排放责任，同时可以计算出区域间隐含碳排放的转移量。因而分类法可以根据碳排放的来源进行分类，然后分配至相应责任主体。

徐盈之等（2014）从投入出发，将非要素中间投入量占某一行业外部总投入量的比值设置为分配系数，计算了中国各行业部门共担责任视角下的碳排放。在核算国际贸易隐含碳责任的基础上，将隐含碳分为中间投入产品碳排放和最终消费产品碳排放，分别由生产者和消费者承担并测算了 25 个世界贸易组织成员的贸易隐含碳排放，将贸易隐含碳排放的来源分为 6 类：进口中间产品排放、出口中间产品排放、进口最终消费产品排放、出口最终消费产品排放、本国直接投入排放、本国直接消费排放，将不同来源的贸易隐含碳使用共担责任模型进行责任分配，将责任分配给出口国和进口国，进口国的生产碳责任包括隐含在中间产品贸易（进口和出口）中的碳排放量，进口国的消费碳责任包括隐含在最终消费品（进口和出口）中的碳排放量，本国的生产碳责任为本国直接投入碳排放量，本国的消费碳责任为本国直接消费碳排放量。

金继虹等（2018）按照徐盈之等人的思路从生产和消费两个方面测算了中日两国进出口贸易隐含碳责任，以产品来源为分配准则，对中日双边贸易隐含碳排放的具体承担者进行了区分，探讨了共同责任视角下的责任分担问题。认为本国中间产品和最终消费品隐含碳排放责任由本国生产者承担，本国出口到其他国家的中间产品和最终消费品隐含碳排放责任由其他国家对应的消费者承担。

分类法与系数法有着类似的问题，其中有两个问题较为显著。第一个显著的问题是：研究者对于分类标准和相应责任主体的不同理解，造成了最终责任核算结果的差异，且合理性难以评价。第二个显著的问题是：在隐含碳核算的基础上将碳排放来源进行分类提高了对于投入产出模型和数据的需求，且投入产出核算本身就具有一定程度的不确定性，对排放进行再次细分无疑增加了结果的不确定，如表6-1所示。

表6-1　共担责任法核算思路对比

方法		核算思路	相关文献
系数法	β 责任	对系数 β 进行取值，生产者和消费者各自承担总体的 β 和 $1-\beta$	Ferng 等 佘群之等 徐盈之等 朱点钰等 史亚东等
	SCR 模型	增加值与净产出的比值作为分担系数	赵文涛等 王文治等
	其他	将非要素中间投入量占某一行业外部总投入量的比值作为修正后的分担系数	徐盈之等

方法	核算思路	相关文献
分类法	对碳排放来源进行区分	徐盈之等 金继虹等

四、获利因子与效率因子的设计

本书吸取前人经验，通过对生产者原则和消费者原则计算下的碳排放进行加权平均，得到基于"生产者和消费者共同负责"原则核算的一国碳排放总量，用 SR 表示。本书借鉴 Lenzen 的方法，对世界各国碳排放责任进行分配，利用各行业的增加值除以其净产出（总产出减去行业内交易额）得到各行业作为生产者应该承担的比例。

$$EEG = \theta EEP + (1-\theta) EE = c^d y^r + \theta c^d y^x + (1-\theta)\left[c^d \left[A^m \left(I - A^d \right)^{-1} y^d \right] + c^d y^m \right] \quad (6.1)$$

上式中，θ 表示"生产者负责"和"消费者负责"两者间的责任分配系数矩阵。当 $\theta_j = 1$ 时，部门 j 的碳排放量依据"生产者负责"原则来核算，包括出口部分的碳排放量；当 $\theta_j = 0$ 时，部门 j 的碳排放量依据"消费者负责"的原则来核算，对进口产品承担减排责任。不管 θ_j 取何值，第 1 部分都不变，即部门 j 都必须承担其本国生产并由本国消费的全部责任。由此可知，基于"生产者和消费者共同负责"的核算原则，主要目的是解决在开放经济中，出口和进口隐含碳排放的责任分配问题。上式中第 2 部分表明，对于国内生产的出口部分，本国承担责任的比例为 θ；第 3 部分表明，对于国外生产的进口部分，本国对其碳排放承担的责任比例为 $(1-\theta)$。对于因子 θ 的设计将于第二节介绍。

第二节　方法基础
——多区域联合投入产出表的编制与计算方案

一、多区域投入产出表的设计及不同责任下碳排放的计算方案

本书研究的是中国同主要贸易国家尤其是发达国家的隐含碳排放比较问题，所需国家（地区）投入产出表、二氧化碳账户数据均来自世界投入产出数据库。构建了包含中国、俄罗斯、美国、澳大利亚、印度、日本、韩国及世界其他国家共8个区域的非竞争多区域投入产出模型，由于行业研究并非本书重点，因而本书参照马晶梅的行业分类并将这些行业划分为农业（c1），轻工业（c3—c7），重工业（c8—c18），服务业（c19—c35）。

采用多区域非竞争投入产出模型的原因在于：首先，利用投入产出分析法基于竞争性投入产出数据进行计算时，一般不考虑国内中间使用与进口中间使用的区别假定其可以相互替代。进口产品的生产和碳排放是在国外，但利用竞争型投入产出表进行计算并没有剔除进口产品在中间投入的能源消耗，因此会错误估算各行业隐含碳的排放量。非竞争投入产出模型则假定进口产品和国产品是不能相互替代的，将中间投入分为进口投入和国内生产投入两部分，可以更加精确地测算出贸易隐含碳排放的行业分布。

其次，中国与美国，日本等发达国家在生产过程中存在较大技术差异，且不同国家或地区的生产技术和能源效率差异也较大，单区域投入产出模型的技术同质性假设将会影响结论的准确性，因此选取技术异质性的多区域投入产出模型可相对准确地计算出各个经济体不同部门的隐含碳排放量。而世界投入产出数据库提供的世界投入产出表即为非竞争型多区域投入产出表，既给出了本国各行业部门间的投入产出关系，也给出了世界各个国家之间的投入产出关系，区分了国内生产投入和中间进口投入，投入产出表结构。如表6-2所示。

表6-2 世界投入产出表基本结构

投入要素	国家	中间产品				最终消费				总产出	二氧化碳排放量
		中国	俄罗斯	…	其他国家	中国	俄罗斯	…	其他国家		
中间投入	中国	Z^{11}	Z^{12}	…	Z^{18}	y^{11}	y^{12}	…	y^{18}	X^1	C^1
	俄罗斯	Z^{21}	Z^{22}	…	Z^{28}	y^{21}	y^{22}	…	y^{28}	X^2	C^2
	…	…	…	…	…	…	…	…	…	…	…
	其他国家	Z^{81}	Z^{82}	…	Z^{88}	y^{81}	y^{82}	…	y^{88}	X^8	C^8
增加值		V^1	V^2	…	V^8						
总投入		X^1	X^2	…	X^8						

表中的国家栏，依次分别是中国、俄罗斯、美国、澳大利亚、印度、日本、韩国及世界其他国家。中间投入 Z^{ij} $(i=1,2,\cdots,8; j=1,2,\cdots,8)$ 是 4×4 阶矩阵，表示各国内部及相互之间四大行业的投入产出关系，y^{ij} $(i=1,2,\cdots,8; j=1,2,\cdots,8)$ 是 4×1 阶列向量，代表各国供应本国和出口到他国的最终消费。X^i 和 C^i 均为 4×1 阶列向量，分别代表各行业的总产出和 CO_2 排放总量。

投入产出模型中，总产出 x 可由中间投入 Ax 和最终需求 y 的和来表示：

$$x=Ax+y \qquad (6.2)$$

A 表示直接消耗系数矩阵，公式（6.2）变形后为 $x=(I-A)^{-1}y$，其中 $(I-A)^{-1}$ 为列昂惕夫逆矩阵，令 $L=(I-A)^{-1}$，I 为单位矩阵，分块矩阵 L_{ii} 是国家 i 的国内需求矩阵，$L_{ij}(i\neq j)$ 是国家 j 对国家 i 的需求矩阵。

部门总产出与二氧化碳排放总量的比值即为直接碳排放强度，公式为 $e^i=\dfrac{C_m^i}{X_m^i}$，其中，分子表示国家 i 部门 m 的二氧化碳排放总量，分母表示总产出，e^i 即为各行业单位总产出直接排放的二氧化碳量，通过计算碳排放系数矩阵还可以进一步得到完全碳排放强度，公式为 $f^i = e^i \left(I - A \right)^{-1}$，其中 A 是直接消耗系数矩阵。$E^i = \left(e_1^i, e_2^i, ..., e_8^i \right)$ 和 $E^i = \left(E^1, E^2, ..., E^8 \right)^T$ 分别是各国总的直接碳排放强度向量。$F^{ii} = diag\left(E^i \right) L^{ii}$ 则表示国内行业 s 为满足最终消费生产一单位最终产品引致的国家 i 行业 r 的碳排放。

根据世界投入产出数据库提供的数据以及多区域投入产出模型可以基于生产原则和消费原则分别计算国家 i 的碳排放总量。其中，基于生产原则计算的国家 i 的碳排放公式为：

$$EEP^i = e^i x^{ii} + e^i \sum_{j \neq i} x^{ij} = e^i x^{ii} + e^i L^{ii} \sum_{j \neq i} A^{ij} x^{ij} +$$

$$e^i L^{ii} \sum_{r \neq i} \sum_{j \neq i} A^{ir} x^{rj} + e^i L^{ii} \sum_{j \neq i} y^{ij} \qquad (6.3)$$

公式（6.3）可分解为内需排放（ $e^i x^{ii} + e^i L^{ii} \sum_{j \neq i} A^{ij} x^{ij}$ ）和外需排放两部分，前者是本国国内最终需求在国内引起的碳排放，进一步可分解为国内自给碳排放（ $e^i x^{ii}$ ）和反馈性出口碳排放（ $e^i L^{ii} \sum_{j \neq i} A^{ij} x^{ij}$ ）。后者是国外最终需求在国内造成的碳排放，可以进一步分解为中间产品碳排放（ $e^i L^{ii} \sum_{r \neq i} \sum_{j \neq i} A^{ir} x^{rj}$ ）和最终产品碳排放（ $e^i L^{ii} \sum_{j \neq i} y^{ij}$ ）。

类似地，可以将中国消费侧分为国内消费排放和国外消费排放，前者相当于生产侧中的内需排放，后者则是该国最终需求在其他国家引起的隐含碳排放。国外排放又包含两部分：一是直接进口引起的碳排放，是该国进口产品在其他国家引起的碳排放，用公式表示为 $\sum_{j \neq i} e^j L^{jj} y^{ji}$ ；二是间接贸易引起的碳排放，即该国进口产品引起的其他经济体之间的贸易隐含碳排放，表示为 $\sum_{j \neq i} e^j L^{jj} A^{ji} x^{ii} + \sum_{j \neq i} (e^j L^{ii} \sum_{r \neq i, j \neq i} A^{jr} x^{ri})$ ，即基于消费原则计算的碳排放可用如下公式表示：

$$EEC^i = \sum_{j=1}^{8} e^j x^{ji} = e^i x^{ii} + \sum_{j \neq i} e^j x^{ji} = e^i x^{ii} + e^i L^{ii} \sum_{j \neq i} A^{ij} x^{ji} +$$

$$\sum_{j \neq i} e^j L^{ij} A^{ji} x^{ii} + \sum_{j \neq i} \left(e^i L^{ii} \sum_{r \neq i, j \neq i} A^{jr} x^{ri} \right) \qquad (6.4)$$

进一步可计算出一国出口及进口的隐含碳排放量，则在全球范围内国家 i 的出口隐含碳和进口隐含碳排放量可依次表示为：

$$EEE^i = e^i \sum_{j \neq i} x^{ij} \qquad (6.5)$$

$$EEI^i = \sum_{j \neq i} e^j x^{ji} \qquad (6.6)$$

二、共同责任原则下的碳排放责任调整

在本书的第三章中，我们采用了综合评价指标体系测算了不同国家在国际贸易中的"获利水平"，本节我们根据"获利水平"，构建"获利因子"对不同国家间的贸易隐含碳进行分配，分配方式如下：

$$EEG^i = e^i x^{ii} + \sum_{j \neq i} a^{ij} e^i x^{ij} + \sum_{j \neq i} \left(1 - a^{ij}\right) e^j x^{ij} \qquad (6.7)$$

本着获利越多，承担责任越大的原则，$a^{ij} = \dfrac{a^i}{a^i + a^j}$，$a^i$ 和 a^j 分别为同一指标体系下，两个国家的综合得分（综合得分定义见第三章），由于分行业测算的获利水平指标体系难以构建，本书仅构建了各国总体贸易获利水平指标体系。

在本书的第四章中我们运用了非径向距离函数对不同国家的能源排放效率进行测算，本节我们根据不同国家的能源排放效率构建"效率因子"，国家能源效率指标的测算，进一步计算共同责任原则下中国的碳排放，如公式（6.8）所示：

$$EEH^i = e^i x^{ii} + \sum_{j \neq i} b^{ij} e^i x^{ij} + \sum_{j \neq i} \left(1 - b^{ij}\right) e^j x^{ji} \tag{6.8}$$

本着效率越高，承担责任越小的原则，$b^{ij} = 1 - \dfrac{EEPI^i}{EEPI^i + EEPI^j} = \dfrac{EEPI^j}{EEPI^i + EEPI^j}$，$EEPI^i$ 和 $EEPI^j$ 分别为一国经济活动中两个不同国家碳排放的能源效率，由于分行业测算的碳排放效率难以计算，本书仅测算了各国总体的能源排放效率。综合"获利原则"和"效率原则"两个因素后，最终的共同责任原则碳排放，如公式（6.9）所示：

$$EEI^i = e^i x^{ii} + \sum_{j \neq i} c^{ij} e^i x^{ij} + \sum_{j \neq i} \left(1 - c^{ij}\right) e^j x^{ji} \tag{6.9}$$

其中，$c^{ij} = \dfrac{a^i + b^i}{a^i + a^j + b^i + b^j}$，即公式（6.1）中的责任分配系数矩阵。

第三节　国家间碳排放责任测算与比较

一、碳排放强度比较分析

碳排放强度主要被用来衡量一国经济发展与碳排放量之间的关系，反映在如今的科技发展水平和技术水平下代表每单位产品生产过程中产生的二氧化碳。尽管一般情况下碳排放强度的高低不完全代表生产效率的高低，但碳排放强度的变化趋势一定程度上可以反映生产效率变化情况。碳排放强度分为直接碳排放强度和完全碳排放强度，前者表示各部门每单位产出排放的二氧化碳。后者表示的是各部门每单位产出所产生的直接和间接二氧化碳排放量之和。七大经济体四大行业的直接碳排放系数和完全碳排放系数下降幅度如表6-3所示。

表6-3 七大经济体碳排放系数下降幅度（2000—2014年）

		中国	俄罗斯	美国	澳大利亚	印度	日本	韩国
直接碳排放系数	农业	64.03	78.30	48.60	46.57	78.70	69.59	68.19
	轻工业	81.54	79.80	50.48	65.34	73.54	16.50	78.82
	重工业	71.42	85.60	43.29	71.19	69.65	−11.17	57.78
	服务业	77.04	87.18	41.27	65.12	66.44	17.76	63.25
完全碳排放系数	农业	67.54	76.88	50.85	63.27	76.88	48.04	61.38
	轻工业	71.67	78.85	47.19	68.28	71.80	19.42	62.13
	重工业	68.21	84.69	46.72	70.92	68.72	−4.42	56.01
	服务业	75.58	84.28	43.39	68.66	66.26	12.68	59.70

总体来看，各国在2000—2014年的碳排放系数都有不同程度的下降，除日本重工业外，各个行业的生产技术水平和能源使用技术水平都在不断提升。中国、俄罗斯和印度的碳排放系数下降水平较为显著，各个行业碳排放系数下降幅度均超过60%。与此同时，这三个国家都是发展中国家，相较美国、澳大利亚、日本、韩国在生产效率和环境保护上进步的空间也更大。

图6-1和图6-2分别为2014年七大经济体四大行业的直接碳排放强度和完全碳排放强度分布图。从图中可以看出，七大经济体各行业的碳排放强度，无论是直接碳排放强度还是完全碳排放强度呈现出大致相同的趋势。如图6-2所示，重工业的碳排放强度远高于其他行业，俄罗斯、中国、印度三个发展中国家重工业的直接碳排放强度显著高于美国、澳大利亚、日本、韩国四个发达国家。七大国家的完全碳排放强度趋势也大致相同，与直接碳排放强度相比数值有所提高，同样是重工业碳排放强度高于其他行业。

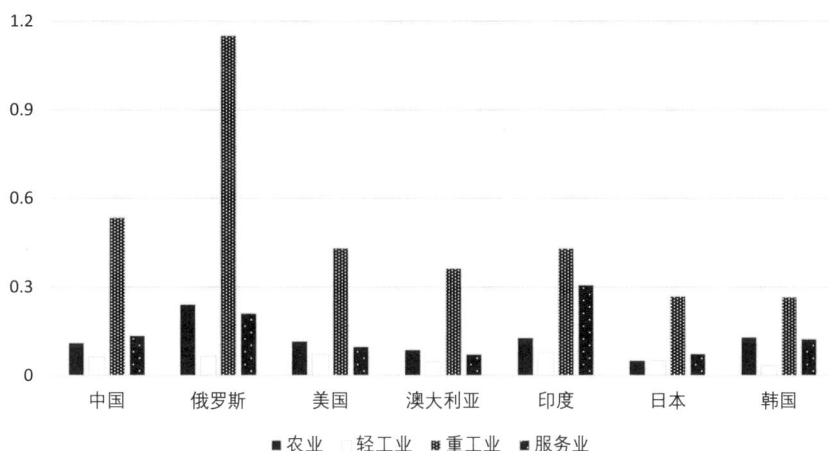

图 6-1　2014 年七大经济体各行业直接碳排放强度（单位：千克 / 美元）

数据来源：各省统计年鉴以及中国碳核算数据库。

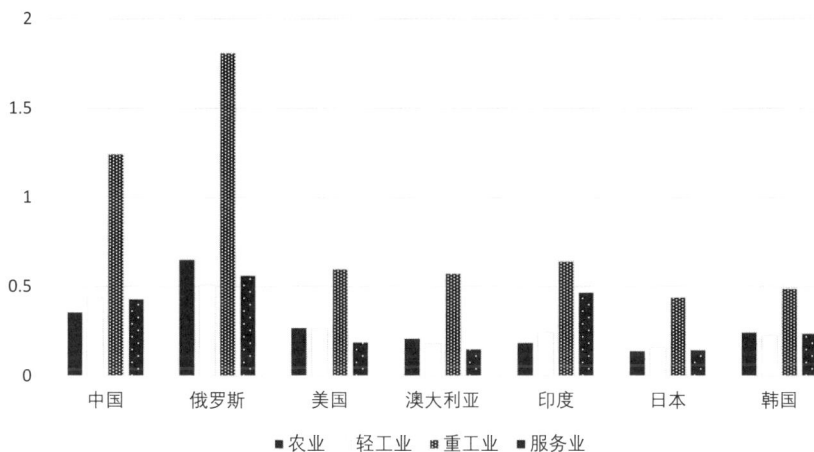

图 6-2　2014 年七大经济体各行业完全碳排放强度（单位：千克 / 美元）

数据来源：各省统计年鉴以及中国碳核算数据库。

二、生产侧及消费侧碳排放比较分析

1992 年，《联合国气候变化框架公约》规定了"生产者责任制"时，并未考虑因国际贸易转移产生的碳排放，而后理论界提出的"消费者责任制"一定程度缓解了该问题的影响。基于不同角度对贸易隐含碳排放规模测算就会产生不同的结果，对比结果差异可为本国在国际气候谈判中掌握主动权提供有利的事实依据和参考。根据公式（6.3）和公式（6.4）计算得到2000—2014年七大经济体生产侧和消费侧的二氧化碳排放量，具体对比情况如表6-4所示。

表6-4 七大经济体基于生产原则和消费原则测算的二氧化碳排放量

（单位：亿吨）

年份	中国		俄罗斯		美国		澳大利亚		印度		日本		韩国	
	生产	消费	生产	消费	生产	消费	生产	消费	生产	消费	生产	消费	生产	消费
2000	28.72	25.20	11.72	9.46	52.43	54.54	3.35	3.52	2.80	2.56	11.86	17.06	4.90	5.48
2001	30.45	26.97	12.01	10.51	52.40	54.63	3.49	3.62	2.99	2.72	11.83	16.65	5.04	5.52
2002	33.10	28.89	12.10	10.63	50.75	53.27	3.65	3.84	3.01	2.87	12.18	17.28	4.98	5.80
2003	37.71	31.88	12.42	11.05	51.21	53.57	3.70	3.98	3.17	3.06	12.19	18.06	4.97	6.17
2004	43.22	34.95	12.50	11.34	51.67	54.10	3.67	4.00	3.24	3.13	11.98	18.36	5.00	6.67
2005	47.64	37.25	12.59	11.63	52.01	54.36	3.62	3.99	3.20	3.11	11.95	17.96	5.01	6.94
2006	52.54	40.36	13.43	12.79	51.02	53.52	3.62	3.97	3.33	3.28	11.66	17.77	5.12	7.12
2007	57.12	44.11	13.42	12.75	51.50	53.72	3.77	4.20	3.36	3.37	12.03	17.67	5.21	7.25
2008	58.62	46.83	13.71	13.26	49.53	51.47	3.67	4.06	3.40	3.44	11.26	16.98	5.21	7.07
2009	64.70	55.55	12.98	12.29	46.27	48.18	3.81	4.14	3.55	3.65	10.83	15.99	5.37	6.96
2010	70.08	59.73	13.54	12.94	48.01	49.70	3.69	4.09	3.80	3.98	11.20	16.94	5.81	7.62
2011	76.91	66.32	14.21	13.70	46.40	48.04	3.69	4.17	3.91	4.12	11.60	16.89	5.95	8.04
2012	80.05	69.53	14.28	13.69	44.79	46.69	3.67	4.19	4.10	4.30	11.99	16.74	6.01	7.91
2013	83.75	73.59	14.08	13.56	45.66	47.51	3.61	4.15	4.23	4.39	12.14	15.98	5.93	7.77
2014	83.68	73.32	13.95	13.09	46.36	48.36	3.55	4.02	4.58	4.67	11.52	15.64	5.88	7.83

通过表6-4可以看出，每个国家基于生产原则和消费原则计算出的碳排放均存在差异，对于中国这一出口导向型经济体来说差异尤为显著。2000—2014年中国和俄罗斯的生产侧二氧化碳排放量显著高于消费侧，美国、澳大利亚、日本、韩国的情况与中国恰好相反。值得一提的是印度，印度在2007年以前生产侧二氧化碳排放量显著高于消费侧，而在2007年以后则相反。产生这一现象的主要原因在于，2007年后印度重工业在消费侧二氧化碳排放量显著高于生产侧，而其他行业变化较小。印度重工业二氧化碳排放带动了整体二氧化碳排放的变化。对比贸易体量处于世界前列的中美两国可进一步发现生产侧和消费侧的碳排放差异。中国从2006年开始生产侧二氧化碳排放量显著高于美国，而消费侧二氧化碳排放则是从2009年起才显著高于美国。因此现行的"生产责任原则"在计算碳排放时实际上不利于中国等发展中国家。另外，在2000—2014年澳大利亚、日本、韩国的碳排放量基本维持在一个稳定的水平上，与中国碳排放量的翻倍增长形成了鲜明的对比。出现该现象的主要原因在于基于生产原则计算的二氧化碳排放量忽略了出口商品中隐含碳排放的转移，一些发达国家可以通过贸易活动向生产成本低的发展中国家转移一部分碳排放。因此，该核算体系高估了中国和俄罗斯的碳排放。

通过对比七大经济体生产侧和消费侧碳排放可以看出，由于中国、俄罗斯、印度等发展中国家与美国、澳大利亚、日本、韩国等发达国家之间存在着生产结构、贸易体系以及技术水平的差异和发展中国家自身经济发展的需要，导致发展中国家承担了相当一部分的贸易隐含碳排放。因此，基于消费原则计算的碳排放总量对界定中国的碳排放责任是有利的，反之对于美国、日本等贸易输出大国却是不利的。中国的对外出口贸易承担了大量的二氧化碳排放，要实现减排目标，首先要调整中国整体的贸易结构，降低生产加工活动占总体贸易活动的比重，可以通过增加对他国生产产品的消费减少本国生产，缩小生产侧和消费侧隐含碳排放的差异。

根据全球多区域投入产出数据，结合公式（6.5）、公式（6.6）得到七大经济体2000—2014年的进出口隐含碳及净出口隐含碳排放量的计算结果，如

表 6-5 所示。

表 6-5　七大经济体基于生产原则和消费原则测算的二氧化碳排放量

（单位：亿吨）

年份	中国		俄罗斯		美国		澳大利亚		印度		日本		韩国	
	出口	进口	出口	进口	出口	进口	出口	进口	出口	进口	出口	进口	出口	进口
2000	5.51	1.98	2.49	0.23	2.70	4.81	0.58	0.74	0.70	0.45	1.34	6.54	1.36	1.94
2001	5.63	2.15	1.76	0.26	2.49	4.72	0.54	0.68	0.71	0.43	1.34	6.16	1.40	1.86
2002	6.80	2.59	1.75	0.29	2.34	4.86	0.51	0.70	0.60	0.46	1.55	6.65	1.31	2.13
2003	8.99	3.16	1.72	0.34	2.24	4.60	0.45	0.73	0.64	0.53	1.61	7.48	1.35	2.55
2004	11.82	3.54	1.58	0.42	2.35	4.78	0.44	0.77	0.66	0.54	1.70	8.08	1.54	3.20
2005	14.25	3.87	1.50	0.55	2.38	4.73	0.45	0.82	0.66	0.58	1.85	7.86	1.45	3.38
2006	16.43	4.25	1.52	0.68	2.62	5.12	0.45	0.80	0.66	0.61	2.00	8.10	1.50	3.50
2007	17.27	4.26	1.58	0.91	2.91	5.13	0.49	0.92	0.62	0.62	2.28	7.91	1.59	3.63
2008	16.02	4.23	1.44	0.99	3.11	5.05	0.49	0.88	0.59	0.63	2.07	7.80	1.92	3.78
2009	13.58	4.42	1.34	0.66	2.77	4.68	0.40	0.72	0.51	0.60	1.60	6.78	2.08	3.67
2010	15.93	5.58	1.45	0.85	3.20	4.89	0.39	0.79	0.55	0.73	1.99	7.72	2.23	4.04
2011	16.96	6.37	1.53	1.02	3.31	4.95	0.43	0.91	0.58	0.79	2.04	7.33	2.47	4.57
2012	17.17	6.65	1.71	1.12	3.33	5.24	0.40	0.92	0.56	0.76	2.07	6.82	2.57	4.47

续表

年份	中国		俄罗斯		美国		澳大利亚		印度		日本		韩国	
	出口	进口	出口	进口	出口	进口	出口	进口	出口	进口	出口	进口	出口	进口
2013	17.12	6.96	1.64	1.12	3.20	5.04	0.40	0.94	0.55	0.72	2.32	6.15	2.48	4.33
2014	16.91	6.56	1.83	0.97	3.11	5.11	0.39	0.86	0.60	0.69	2.42	6.53	2.40	4.35

2000—2014年，中国和俄罗斯出口隐含碳排放量一直远高于进口，可见这两个国家碳排放结构相对失衡，是典型的碳净出口国；美国和日本正好相反，进口隐含碳排放量一直远高于出口；澳大利亚和韩国进口隐含碳排放量略高于出口，差距不明显；印度在2000—2006年出口隐含碳排放量高于进口，2007年开始进口隐含碳排放量高于出口，也是从2007年起，印度消费侧碳排放量高于生产侧。

观察这些年碳排放总量的变化，发现中国出口隐含碳呈现大幅增长趋势，从5.51亿吨增长到16.91亿吨，年均增长率高达8.34%，且在2007年达到了最高峰17.27亿吨，占当年生产侧碳排放的30.23%。中国的进口隐含碳排放也在持续增长，从1.98亿吨达到了6.56亿吨。2000—2014年中国出口隐含碳与进口隐含碳差值有进一步扩大的趋势，差值从2000年的3.53亿吨扩大到2014年的10.35亿吨，其中出口贸易规模的扩大很可能为主要原因。对比发现美国、澳大利亚、日本、韩国这几个发达国家出口隐含碳排放量和进口隐含碳排放量仅有小幅波动，部分国家的出口和进口隐含碳排放甚至呈现下降趋势。另外，2014年美国和日本贸易净进口隐含碳排放占同期二氧化碳总排放的比重相较于2000年都是增加的，说明其隐含碳排放净输入大国的地位并未发生明显改变。

总体来看，大部分年份中国贸易隐含碳排放净出口量占当年国内生产侧碳排放总量始终在20%以上，反观美国和日本等国，其进口隐含碳排放占比远超出口隐含碳，表明这些以进口为主的发达国家向低成本国转移碳排放，成为国际贸易中的受益方，那么以中国为代表的发展中国家在享受频繁的贸易活动为其带来的经济效益的同时也在承担着他国转移的大量隐含碳排放，在国际问题探究中处于劣势。

三、各国出口隐含碳的行业对比情况

在各国间的贸易活动中，出口贸易是导致一国碳排放量增长的最主要原因，各行业在出口贸易的生产活动中均排放了二氧化碳，但由于对能源消耗的程度差异各行业产生的碳排放量并不相同。表 6-6 和 6-7 分别是 2000 年和 2014 年各经济出口隐含碳排放的行业分布数据。

表 6-6　2000 年七大经济体基于不同行业的二氧化碳排放量

经济体	农业		轻工业		重工业		服务业	
	排放量（百万吨）	占比（%）	排放量（百万吨）	占比（%）	排放量（百万吨）	占比（%）	排放量（百万吨）	占比（%）
中国	0.73	0.21	68.03	19.30	228.99	64.98	54.66	15.51
俄罗斯	2.50	1.00	3.59	1.45	167.96	67.54	74.62	30.01
美国	5.02	1.86	14.40	5.33	188.46	69.78	62.22	23.03
澳大利亚	3.12	5.37	5.59	9.61	40.53	69.66	8.94	15.36
印度	0.69	0.99	13.43	19.30	48.94	70.34	6.52	9.37
日本	0.13	0.10	1.47	1.10	117.99	88.05	14.41	10.75
韩国	0.28	0.21	13.67	10.05	111.47	81.90	10.68	7.84

表 6-7　2014 年七大经济体基于不同行业的二氧化碳排放量

经济体	农业		轻工业		重工业		服务业	
	排放量（百万吨）	占比（%）	排放量（百万吨）	占比（%）	排放量（百万吨）	占比（%）	排放量（百万吨）	占比（%）
中国	2.66	0.26	102.96	9.89	858.72	82.49	76.64	7.36
俄罗斯	3.61	1.98	4.56	2.50	115.62	63.25	59.01	32.28
美国	8.31	2.67	13.41	4.31	204.76	65.87	84.39	27.15
澳大利亚	2.32	6.03	3.96	10.26	22.67	58.82	9.59	24.89
印度	0.55	0.90	11.35	18.79	43.80	72.53	4.70	7.78
日本	0.09	0.04	1.89	0.78	220.41	91.22	19.23	7.96
韩国	0.13	0.06	7.17	2.98	214.62	89.27	18.48	7.69

从各行业出口碳排放占比可以看出，重工业是引致中国对外贸易出口隐含碳排放的主要行业，其出口隐含碳排放占 2000 年和 2014 年出口总排放的 64.98% 和 82.49%，相比之下上涨了 17.51%，且出口碳排放量也呈现大幅上涨的趋势。同时，对于其他国家而言，重工业也是产生出口碳排放的主要行业，但尽管重工业的出口隐含碳在其他国家也是遥遥领先，但均远不及中国的碳排放量，说明中国应加大力度在可控的范围内尽可能减少该行业的出口碳排放。除此之外，中国轻工业的出口碳排放比重也要高于美、日、韩，且服务业出口碳排放比重不及这三国。说明中国与发达国家间的出口行业分布存在着较大差异。

四、"受益原则"下中国的碳排放

根据第三章的综合指标体系的构建，中国和其他国家综合得分如表6-8所示。

表6-8　2000—2014年中国和其他国家在指标体系内的综合得分

年份	中美双边获利衡量		中印双边贸易衡量		中日双边贸易衡量		中韩双边获利衡量		中澳双边贸易衡量		中俄双边贸易衡量	
	中国	美国	中国	印度	中国	日本	中国	韩国	中国	澳大利亚	中国	俄罗斯
2000	0.546	0.465	0.434	0.407	0.571	0.474	0.546	0.384	0.524	0.465	0.433	0.307
2001	0.539	0.477	0.428	0.433	0.558	0.452	0.547	0.385	0.526	0.467	0.446	0.548
2002	0.511	0.508	0.446	0.444	0.572	0.457	0.548	0.470	0.525	0.481	0.460	0.505
2003	0.449	0.463	0.428	0.408	0.550	0.477	0.526	0.450	0.503	0.486	0.425	0.398
2004	0.433	0.390	0.437	0.419	0.510	0.465	0.509	0.436	0.512	0.452	0.400	0.328
2005	0.413	0.405	0.448	0.415	0.491	0.430	0.492	0.469	0.500	0.430	0.412	0.306
2006	0.411	0.460	0.477	0.418	0.458	0.434	0.441	0.464	0.486	0.388	0.415	0.292
2007	0.389	0.436	0.483	0.438	0.454	0.432	0.395	0.480	0.474	0.414	0.395	0.326
2008	0.378	0.395	0.478	0.424	0.418	0.377	0.334	0.455	0.435	0.370	0.379	0.332
2009	0.403	0.391	0.499	0.427	0.494	0.396	0.504	0.438	0.494	0.383	0.438	0.306
2010	0.365	0.351	0.453	0.444	0.455	0.390	0.437	0.423	0.456	0.338	0.416	0.328

年份	中美双边获利衡量		中印双边贸易衡量		中日双边贸易衡量		中韩双边获利衡量		中澳双边贸易衡量		中俄双边贸易衡量	
	中国	美国	中国	印度	中国	日本	中国	韩国	中国	澳大利亚	中国	俄罗斯
2011	0.349	0.289	0.438	0.432	0.398	0.393	0.407	0.380	0.418	0.352	0.411	0.345
2012	0.364	0.318	0.454	0.429	0.402	0.395	0.433	0.429	0.411	0.391	0.426	0.367
2013	0.385	0.319	0.455	0.438	0.396	0.340	0.433	0.476	0.437	0.353	0.392	0.363
2014	0.387	0.336	0.493	0.455	0.423	0.388	0.404	0.531	0.430	0.361	0.400	0.367

通过表 6-8 可看出，中国在多数年份与多数国家的贸易中都是获利更多的一方，这是因为中国是重要的商品出口大国，且上述许多国家最大的贸易伙伴为中国，不同的是，中国向美国、日本等国出口了大量技术含量和价格相对较低的劳动和资源密集型产品，而中国向印度、俄罗斯等国出口的是技术含量和价格相对较高的资本和技术密集型产品。

通过公式（6.7）可得出中国 2000—2014 年在仅考虑"获利因子"下不同行业的碳排放量，数据如表 6-9 所示。

表 6-9　2000—2014 年中国基于"获利原则"的二氧化碳排放量

（单位：百万吨）

年份	生产	消费	"获利原则"
2000	28.72	25.20	30.88
2001	30.45	26.97	32.62
2002	33.10	28.89	35.60
2003	37.71	31.88	40.94

续表

年份	生产	消费	"获利原则"
2004	43.22	34.95	47.45
2005	47.64	37.25	52.54
2006	52.54	40.36	57.63
2007	57.12	44.11	62.89
2008	58.62	46.83	63.45
2009	64.70	55.55	69.24
2010	70.08	59.73	75.23
2011	76.91	66.32	82.44
2012	80.05	69.53	85.32
2013	83.75	73.59	89.12
2014	83.68	73.32	88.81

如表 6-9 所示，在仅考虑"获利原则"下 2000—2014 年碳排放量同时大于生产侧碳排放和消费侧碳排放，这是因为，之前的学者在研究共同责任碳排放对出口和进口中隐含碳排放责任进行分配时，将公式简述为 $EEG = \theta EEP + (1-\theta)EEC$，这一公式的数学表述不够精确，实际上，无论是生产侧碳排放还是消费侧碳排放，都是由各个国家不同行业的碳排放加总而成，而每一部分的分配系数都是不同的，即 θ 的值不同，数学解释如下：

$$EEP = EEP_1 + EEP_2 + ... + EEP_n \tag{6.10}$$

$$EEC = EEC_1 + EEC_2 + ... + EEC_n \tag{6.11}$$

在这里，将一国生产侧碳排放和消费侧分别拆分成不同国家最终消费引致的碳排放。其中，下标 1,2, ⋯, n 代表不同的国家，假设下标 1 代表一国碳排放中本国最终消费引致的碳排放，则 $EEP_1 = EEC_1$。则共同责任碳排放为：

$$EEG = \theta_1 EEP_1 + (1-\theta_1) EEC_1 + \theta_2 EEP_2 + (1-\theta_2) EEC_2$$
$$+ \ldots + \theta_n EEP_n + (1-\theta_n) EEC_n \tag{6.12}$$

其中，$EEP_1 = EEC_1$，所以公式（6.10）第一项为 EEP_1 或 EEC_1，而后面的（$n-1$）项中每一项的 θ 都不一样，所以在实际计算时，理论上会出现共同责任碳排放数值同时大于或小于生产侧碳排放和消费侧碳排放。

如图 6-3 所示，中国基于"获利原则"碳排放数值每一年都同时大于生产侧碳排放和消费侧碳排放。这是因为中国在与其他国家的贸易往来中大多数情况是出口大于进口，即中国在经济上的获利更大，在责任分配时会更靠近以出口角度衡量的生产责任碳排放，2000—2014 年中国的碳排量仍稳中有升，从 2000 年的 30.88 亿吨上涨到 2014 年的 88.81 亿吨。2000—2014 年，中国在"受益原则"下碳排放逐年更接近于生产侧碳排放，体现出中国在与其他国家的贸易中经济上的获利比重逐步增大。

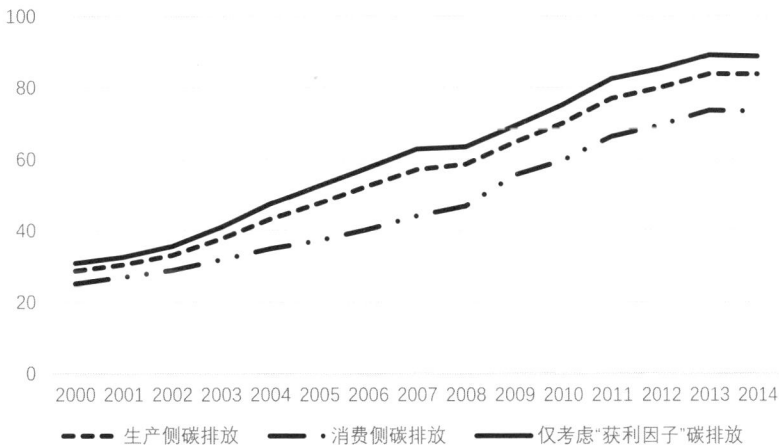

图 6-3　2000—2014 年中国基于"获利原则"碳排放总值（单位：亿吨）

五、"效率原则"下中国的碳排放

根据第四章构建的非径向距离函数计算的各个国家能源排放效率如表6-10所示。

表6-10 2000—2014年中国和其他国家在指标体系内的能源排放效率

年份	中国	美国	印度	日本	韩国	澳大利亚	俄罗斯
2000	0.399	1.000	0.358	0.907	0.392	0.410	0.361
2001	0.400	0.928	0.346	0.781	0.352	0.363	0.337
2002	0.398	0.900	0.346	0.739	0.401	0.373	0.340
2003	0.403	0.904	0.381	0.776	0.435	0.430	0.399
2004	0.423	0.963	0.401	0.851	0.462	0.518	0.440
2005	0.437	1.000	0.413	0.826	0.514	0.582	0.493
2006	0.462	1.000	0.419	0.791	0.543	0.554	0.542
2007	0.506	1.000	0.528	0.762	0.564	0.636	0.583
2008	0.582	0.973	0.414	0.879	0.505	0.890	0.674
2009	0.553	0.921	0.418	0.939	0.443	0.561	0.558
2010	0.589	0.937	0.457	0.988	0.502	0.705	0.628
2011	0.639	0.946	0.452	1.000	0.523	1.000	0.664
2012	0.666	0.962	0.419	0.969	0.523	1.000	0.643

续表

年份	中国	美国	印度	日本	韩国	澳大利亚	俄罗斯
2013	0.962	0.969	0.402	0.809	0.546	1.000	0.612
2014	0.714	1.000	0.413	0.785	0.579	0.814	0.573

从表 6-10 可知，中国、印度、俄罗斯等国的能源排放效率显著低于美国、日本等国家，这是由于发达国家与发展中国家普遍存在着生产结构、贸易体系及技术水平的差异，值得注意的是韩国，韩国虽然是发达国家，但因其工业生产大国的地位，其能源排放效率同中国等国一样相对较低。

通过公式（6.8）可得出中国 2000—2014 年在仅考虑"效率原则"下不同行业的碳排放量，数据如表 6-11 所示。

表 6-11　2000—2014 年中国基于"效率原则"的二氧化碳排放量

（单位：亿吨）

年份	生产	消费	共同
2000	28.72	25.20	25.80
2001	30.45	26.97	27.38
2002	33.10	28.89	29.37
2003	37.71	31.88	32.80
2004	43.22	34.95	36.59
2005	47.64	37.25	39.41
2006	52.54	40.36	42.64

年份	生产	消费	共同
2007	57.12	44.11	46.31
2008	58.62	46.83	48.29
2009	64.70	55.55	56.05
2010	70.08	59.73	59.82
2011	76.91	66.32	65.86
2012	80.05	69.53	68.50
2013	83.75	73.59	72.08
2014	83.68	73.32	72.09

从表 6-11 可知，绝大部分年份基于"效率原则"下碳排放数值处于该行业生产责任碳排放与消费责任碳排放数值之间，但个别数值例外，如 2013 年中国生产责任碳排放为 83.75 亿吨，消费责任碳排放为 73.59 亿吨。而基于"公平原则"下碳排放为 72.08 亿吨，同时小于生产侧碳排放和消费侧碳排放，原因与"受益原则"下某些年份中国农业碳排放同时大于生产侧碳排放和消费侧碳排放的原因相同，都是因为之前对共同责任碳排放公式的数学表述不够严谨所致。

如图 6-4 所示，中国基于"公平原则"碳排放数值大部分年份都处于生产责任碳排放和消费责任碳排放之间，但就总体而言更接近消费侧碳排放，甚至在 2013 和 2014 年同时小于生产侧碳排放和消费侧碳排放，这是因为中国在 2000—2014 年在政府大力推进的节能减排政策影响下，中国的能源排放效率逐年提高，体现了中国在贸易规模逐年扩大的同时也没有忽视对环境的保护。

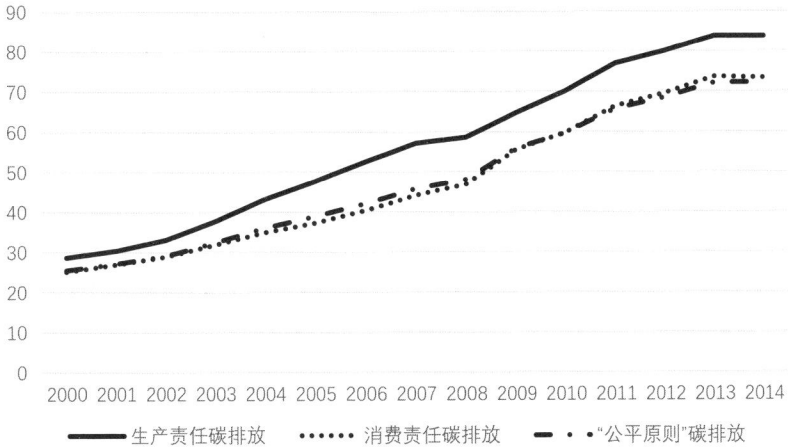

图6-4 2000—2014年中国基于"公平原则"碳排放总值（单位：亿吨）

六、共同责任原则下中国的碳排放

通过公式（6.9）可得出中国2000—2014年在同时考虑基于"获利原则"和"效率原则"下不同行业的碳排放量，与第一节所提出的系数法（即生产侧碳排放与消费侧碳排放之和×0.5）作比较，数据如表6-12所示。

表6-12 2000—2014年中国系数法和共同责任原则的二氧化碳排放量

（单位：亿吨）

年份	系数法	共同责任原则	差值
2000	26.35	26.98	0.63
2001	28.17	28.61	0.44
2002	30.45	30.79	0.34

续表

年份	系数法	共同责任原则	差值
2003	34.26	34.64	0.38
2004	38.60	39.12	0.52
2005	42.14	42.52	0.38
2006	46.11	46.11	0.00
2007	50.42	50.31	−0.11
2008	52.39	51.93	−0.46
2009	59.58	59.29	−0.29
2010	64.06	63.59	−0.47
2011	70.53	69.95	−0.58
2012	73.47	72.66	−0.81
2013	77.23	76.34	−0.89
2014	77.25	76.24	−1.01

　　从表6-12可知，本书的共同责任碳排放测算数值在2000—2006年高于系数法，且在2000—2006年差值有逐渐缩小的趋势；2007—2014年其测算数值低于系数法，且二者差值有不断扩大的趋势。这是因为传统的系数法测算仅仅是机械地将生产侧碳排放和消费侧碳排放按照0.5的系数进行分配，没有考虑到国家间进出口贸易中的各要素变动，2000—2006年中国处于加入世界贸易组织初期，中国与其他国家的进出口贸易大幅增长，这一时期贸易规模的增长是中国贸易隐含碳大幅增长的主要原因，此时"获利因子"起

主要作用，共同责任原则碳排放数值略高于系数法。2007—2009 年受美国金融危机影响中国与其他国家进出口贸易规模开始下降，此时"获利因子"依旧起主要作用，这一时期的共同责任原则碳排放数值略低于系数法。2009—2014 年世界逐渐开始走出金融危机的泥潭，中国与其他国家的进出口贸易开始逐渐恢复至金融危机前的水平，同时中国国内积极实行节能减排的政策，虽然中国的进出口贸易规模重新增长但隐含碳规模得到了很好的控制，此时"效率因子"起主要作用，这一时期共同责任碳排放数值低于系数法，且二者差距逐渐增大。

第四节　东北地区碳排放责任测算与比较

一、背景介绍

东北地区拥有丰富的自然资源，鉴于其独特的发展历史以及与苏联的地缘政治关系，东北地区成为我国最早的工业化地区，形成了资源型、排放密集型的经济发展模式，其经济发展和城市化建设曾领先于其他地区。随着我国改革开放政策不断深入，国家将经济发展重点转移到沿海地区。由于重工业比重过高，忽视环境保护以及产能落后等问题，东北地区的经济转型困难重重，其经济发展逐渐滞后，资源枯竭、环境恶化、人口流失、经济衰退等问题日益严峻。为了解决这些问题，中共中央、国务院于 2003 年启动了振兴东北老工业基地战略，并通过一系列政策工具进一步加强了这一战略，旨在通过再工业化帮助注入资本，刺激地区的经济增长。值得注意的是，东北地区仍然严重依赖化石能源消费和重工业发展，并带来严重的碳排放问题。在振兴东北战略的推动下，东北地区将面临经济复苏和绿色低碳的双重压力，城市碳排放责任研究将有助于不同城市采用差异化的碳减排策略实现低碳发展。

本书分别从生产者责任原则和消费者责任原则两个视角构建省份碳排放核算模型，由于数据源有限，在计算生产责任原则碳排放时计算 2001—2020年这 20 年的数据，计算消费责任碳排放时计算 2002、2007、2012、2017 这 4年的数据，并分析不同省份碳排放的差异性特征，以期为东北地区的绿色低碳发展提供理论依据和数据支持。

二、模型构建

在生产者责任原则视角下，城市碳排放责任采用联合国政府间气候变化专门委员会推荐进行估算，各行业部门化石能源消费产生的碳排放量可计算为：

$$C_{energy} = \sum_j \sum_i C_{ij} = \sum_j \sum_i AD_{ij} * NCV_i * CC_i * O_{ij} \qquad （6.13）$$

其中，C_{energy} 为行业部门化石能源消费排放总量；i 代表化石能源类型；j 代表行业部门；C_{ij} 为 j 部门 i 种化石能源的碳排放量；AD_{ij} 为 j 部门 i 种化石能源的活动数据（能源消费量）；NCV_i 是净热值，即每物理单位 i 种化石燃料产生的热值；CC_i 为碳含量，表示 i 种化石燃料产生单位净热值的碳排放量；O_{ij} 为 j 部门 i 种化石能源的氧化效率。

在消费者责任原则视角下，本书基于 MRIO 模型构建东北地区碳排放责任核算模型。根据各省各部门的总产出和碳排放，可以得到各省各部门的碳排放强度（单位产出碳排放），如公式（6.14）所示：

$$f_i^r = C_i^r / x_i^r \qquad （6.14）$$

其中，f_i^r 为 r 地区 i 部门碳排放强度，C_i^r 为 r 地区 i 部门碳排放量，x_i^r 为 r 地区 i 部门总产出。

消费者责任原则碳排放核算模型基于 Leontief 投入产出模型，是一个具有行向平衡方程的模型。行向平衡模型方程可以表示为：

$$\left(z_{i1}^{r1}+...+z_{in}^{r1}\right)+\left(z_{i1}^{r2}+...+z_{in}^{r2}\right)+...+\left(z_{i1}^{rm}+...+z_{in}^{rm}\right)+y_i^{r1}+...+y_i^{rm}$$

$$=\sum_{s=1}^{m}\sum_{j=1}^{n}z_{ij}^{rs}+\sum_{s=1}^{m}y_i^{rs}=x_i^r \qquad (6.15)$$

其中，直接消耗系数 $a_{ij}^{rs}\left(a_{ij}^{rs}=z_{ij}^{rs}/x_j^s\right)$ 表示 s 区域 j 部门生产过程单位产品消耗的 r 区域 i 部门产品数量。将 a_{ij}^{rs} 代入公式（6.15）可得到如下公式：

$$\sum_{s=1}^{m}\sum_{j=1}^{n}a_{ij}^{rs}x_j^s+\sum_{s=1}^{m}y_i^{rs}=x_i^r \qquad (6.16)$$

将公式（6.16）改写为矩阵形式可以表示为：

$$X=AX+Y \qquad (6.17)$$

公式（6.17）还可以表示为：

$$X=\left(I-A\right)^{-1}Y \qquad (6.18)$$

其中，$\left(I-A\right)^{-1}$ 为 Leontief 逆矩阵，表示为满足某一特定区域特定行业单位最终需求所需要的所有区域所有行业的总投入。结合碳排放强度矩阵 $F=\left(f_i^r\right)_{mn\times1}$，碳排放量（$D$）可以表示为：

$$D=F\left(I-A\right)^{-1}Y \qquad (6.19)$$

三、数据来源

在核算生产者责任原则碳排放时，各省各行业的化石能源活动数据来自各省统计年鉴，核算消费者责任原则碳排放时数据来源于中国碳核算数据库，由于各省投入产出表结构与国际投入产出表结构不同，因此行业分类与前文有所区别，在这里将各省投入产出表的 42 个行业简化为 7 个行业，分别为：农业、采掘业、轻工业、重工业、能源生产与供应业、建筑业和服务业。

四、实证结果与分析

如图 6-5、图 6-6、图 6-7 所示，2002—2012 年东北地区生产侧碳排放总量始终呈现上升趋势，2012—2017 年则大致持平。总体而言，东北地区碳排放大部分来自化石能源燃烧，以煤炭燃烧为主，相比较之下，黑龙江省煤炭燃烧碳排放占碳排放总量比例呈现上升趋势，由 2002 年的 55.32% 上升到 2017 年的 78.15%。吉林省煤炭燃烧碳排放比例始终保持在 75% 左右。辽宁省煤炭燃烧碳排放相对比例较低，在 55% 左右。原油是东北地区碳排放的第

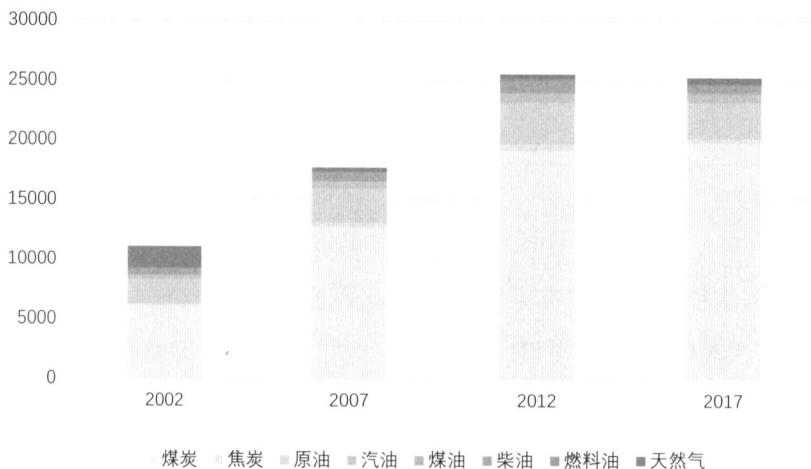

图 6-5　黑龙江省生产侧能源类型碳排放（单位：万吨）
数据来源：各省统计年鉴、中国碳核算数据库。

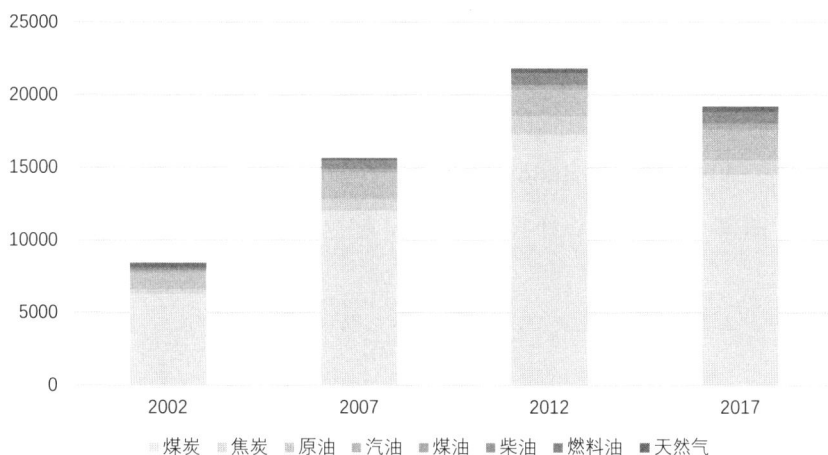

图6-6　吉林省生产侧能源类型碳排放（单位：万吨）

数据来源：各省统计年鉴、中国碳核算数据库。

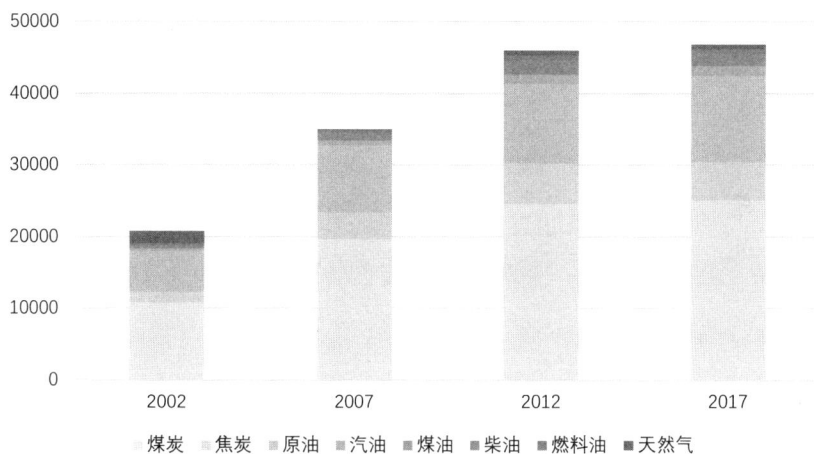

图6-7　辽宁省生产侧能源类型碳排放（单位：万吨）

数据来源：各省统计年鉴、中国碳核算数据库。

二大来源，黑龙江省原油碳排放比例处于15%—20%之间，吉林省原油碳排放比例处于10%—15%之间，辽宁省原油碳排放比例较高，处于25%—30%之间。而煤油、柴油、天然气等能源碳排放所占比例相对较小。

图6-8、图6-9、图6-10显示了东北地区行业部门碳排放的区域差异。从行业部门碳排放分布可以看出，东北地区碳排放主要来自能源生产与供应

业。2002 年黑龙江省能源生产与供应业碳排放达到 6231.35 万吨，占碳排放总量的 56.26%，2017 年达到 14852.84 万吨，占碳排放总量的 58.70%。2002 年吉林省能源生产与供应业碳排放达到 5709.32 万吨，占碳排放总量的 67.59%，2017 年达到 10546.43 万吨，占碳排放总量的 54.89%。2002 年辽宁省能源生产与供应业碳排放达到 10314.99 万吨，占碳排放总量的

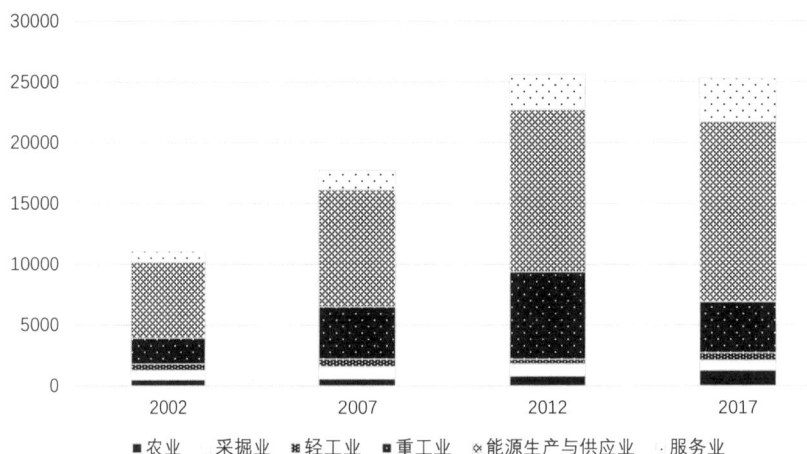

图 6-8　黑龙江省生产侧分行业碳排放（单位：万吨）

数据来源：各省统计年鉴、中国碳核算数据库。

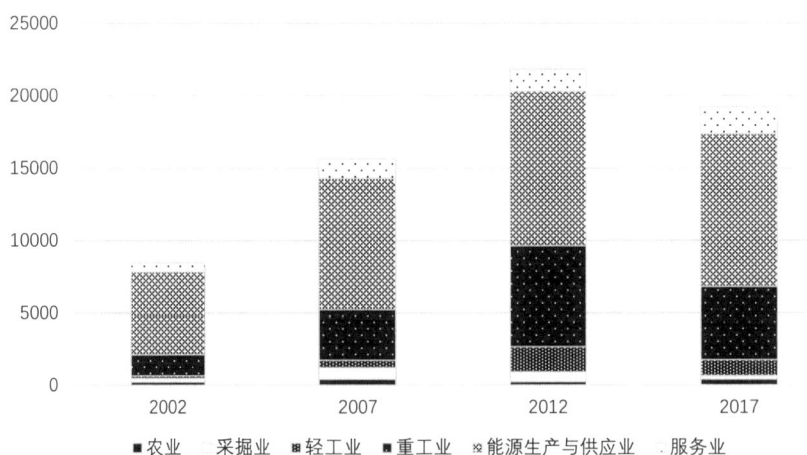

图 6-9　吉林省生产侧分行业碳排放（单位：万吨）

数据来源：各省统计年鉴、中国碳核算数据库。

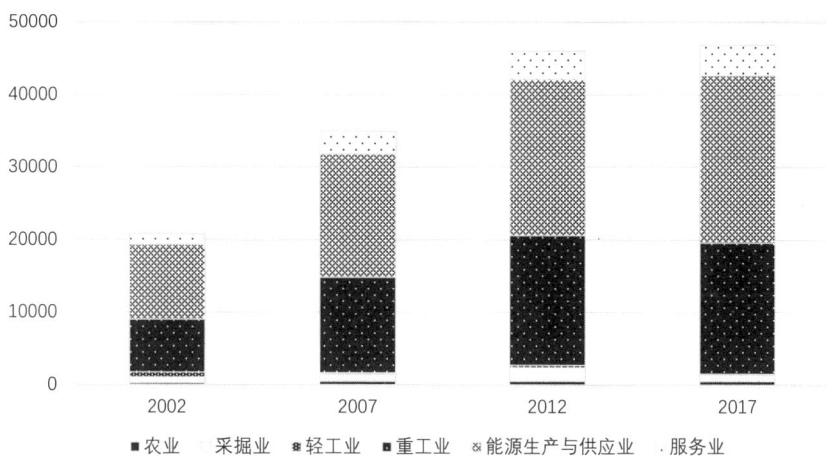

图6-10　辽宁省生产侧分行业碳排放（单位：万吨）

数据来源：各省统计年鉴、中国碳核算数据库。

49.58%，2017年达到23061.44万吨，占碳排放总量的49.25%。东北地区碳排放第二大来源是重工业，黑龙江省重工业碳排放由2002年的2115.75万吨上涨到2017年的4193.55万吨，但占比由19.10%下降到2017年的16.57%。吉林省重工业碳排放由2002年的5709.32万吨上涨到2017年的10546.43万吨，占比由2002年的17.57%上涨到2017年的26.31%。辽宁省重工业碳排放由2002年的7263.50万吨上涨到2017年的18117.09万吨，占比由2002年的34.91%上涨到2017年的38.69%。侧面反映了东北地区重工业在这些年间取得了一定发展，且辽宁省重工业发展水平高于吉林省，而吉林省又高于黑龙江省。

　　图6-11、图6-12、图6-13显示了东北地区最终需求碳排放的区域差异。由于数据来源问题，2002年和2007年的最终需求来源仅包含了农村居民消费和城镇居民消费两项，而2012年和2017年的最终需求来源则更加全面丰富，因此此处只研究2012年和2017年的消费侧碳排放。东北地区消费侧碳排放主要来源分别为国内省外流入和国内省外流出，国内省外流入的高占比反映了快速城市化发展，大规模经济增长和政府政策的推动，增加了城市的资本投资。而国内省外流出的高占比反映了东北地区与国内

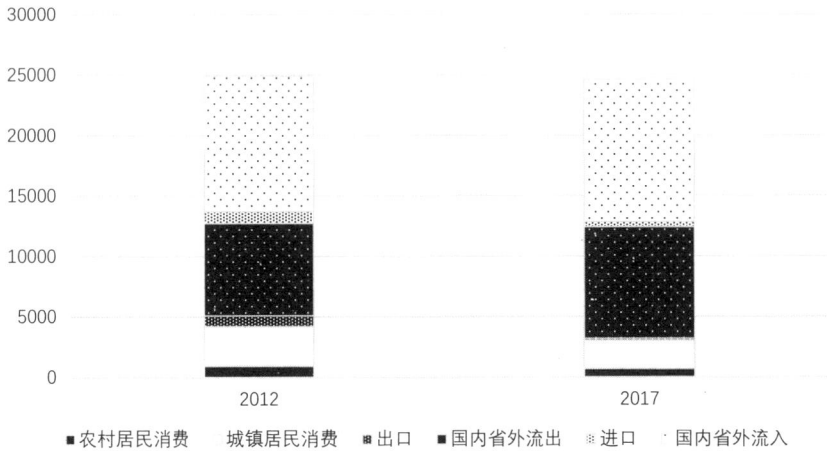

图 6-11　黑龙江省消费侧分需求来源碳排放（单位：万吨）

数据来源：各省统计年鉴、中国碳核算数据库。

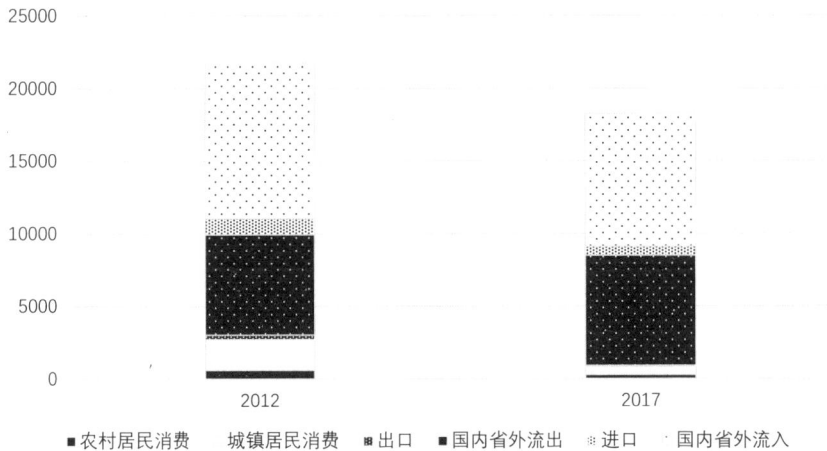

图 6-12　吉林省消费侧分需求来源碳排放（单位：万吨）

数据来源：各省统计年鉴、中国碳核算数据库。

其他地区的贸易往来的繁荣，南方省份产业链发达而资源不足，东北地区的丰富资源正可以弥补南方这一劣势。另外，黑龙江省和吉林省城镇居民消费碳排放占比的下降从侧面反映了两省人口的逐步流失，而辽宁省城镇居民消费碳排放比例有所上升，侧面反映相比黑、吉两省，辽宁省的人口外流问题相对乐观。

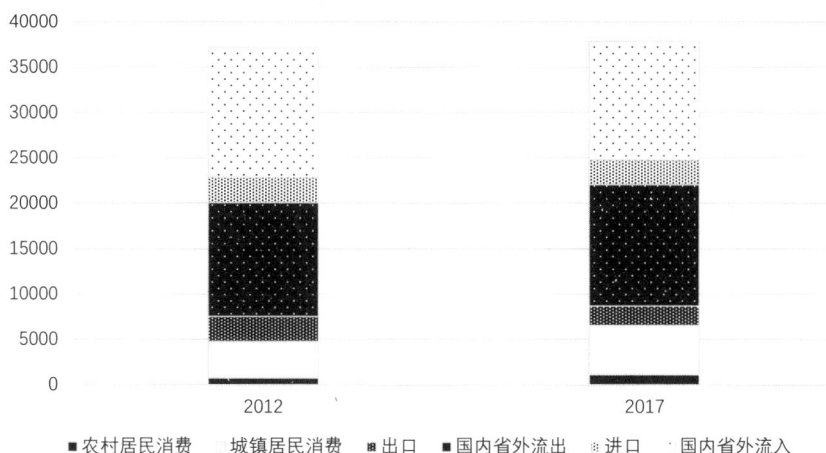

图6-13　辽宁省消费侧分需求来源碳排放（单位：万吨）

数据来源：各省统计年鉴、中国碳核算数据库。

图6-14、图6-15、图6-16显示了东北地区消费侧分行业碳排放的区域差异。在消费侧碳排放的行业差异上可以看出，黑龙江省能源生产与供应业的碳排放比例逐渐上升，由2002年的占比20.77%上涨到2017年的32.36%。重工业碳排放占比同样有所上升，由2002年的13.93%上涨到2017年的27.13%。但这两者的比例相比生产侧碳排放都有所下降。相比之下，服务业

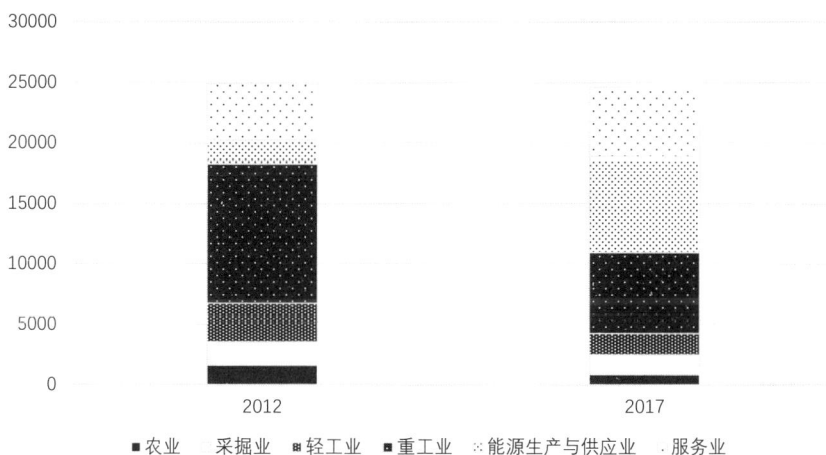

图6-14　黑龙江省消费侧分行业碳排放（单位：万吨）

数据来源：各省统计年鉴、中国碳核算数据库。

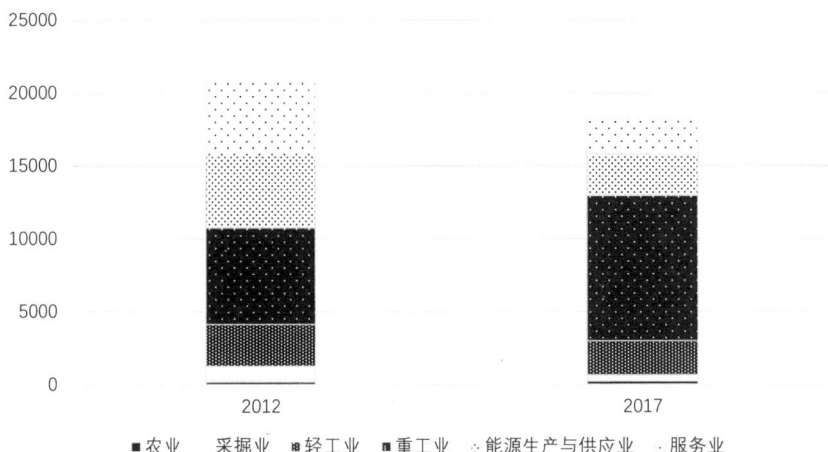

图6-15　吉林省消费侧分行业碳排放（单位：万吨）

数据来源：各省统计年鉴、中国碳核算数据库。

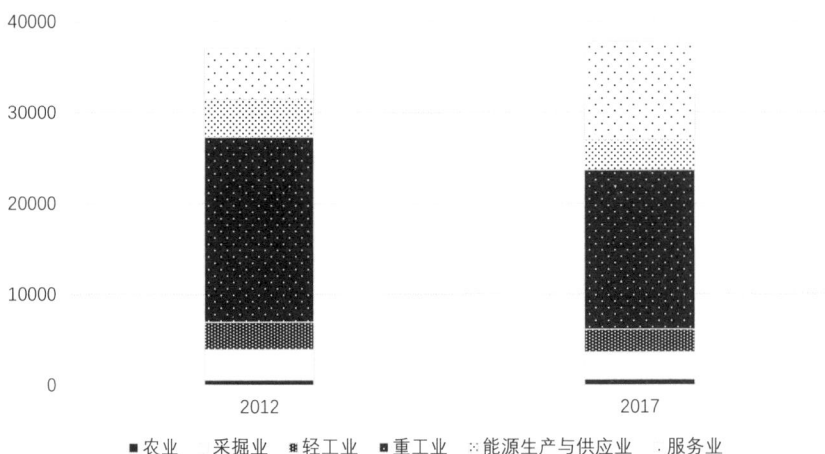

图6-16　辽宁省消费侧分行业碳排放（单位：万吨）

数据来源：各省统计年鉴、中国碳核算数据库。

的碳排放比例则有所上升，2017年黑龙江省服务业生产侧碳排放为3559.58万吨，占比为14.07%。2017年黑龙江省服务业消费侧碳排放为5711.09万吨，占比为23.22%。无论是排放量还是排放占比，黑龙江省服务业消费侧碳排放都显著高于生产侧。事实上，对于整个东北地区来说，服务业消费侧碳排放都远高于生产侧碳排放，2017年辽宁省服务业生产侧碳排放为4159.32万吨，而消费侧碳排放为 10820.85 万吨；2017 年吉林省服务业生产侧碳排放为 1861.25 万吨，而消费侧碳排放为 2496.73 万吨。

五、共同责任原则下东北地区碳排放

在上一节中我们探讨了共同责任原则下中国的碳排放情况，本节我们将探讨共同责任原则下东北地区的碳排放数据，由于投入产出表结构的不同，第三章中对国家指标体系的构建无法迁移到省际中运用，因此在本章中我们假定东北三省在贸易中的获利相同，运用第四章中的非径向距离函数构建"效率因子"，根据"效率因子"测算共同责任原则下东北三省的碳排放情况，其测算公式如下：

$$E^i = \left(C^i + D^i\right) \times \left(1 - EEPI^i / 2\right) \qquad (6.20)$$

其中，C^i 为一省生产侧碳排放，D^i 为一省消费侧碳排放，$EEPI^i$ 为一省能源排放效率。由于非径向距离函数对行业测算能力有限，因此本章只对不同年份的总体碳排放进行计算，东北三省 2012 年和 2017 年的碳排放效率如表 6-13 所示。

表 6-13　东北三省 2012 年和 2017 年能源排放效率

	2012	2017
黑龙江省	0.989	0.958
吉林省	0.895	1.000
辽宁省	1.000	0.821

根据表 6-13 中能源排放效率构建"效率因子"，根据公式（6.20）计算结果如表 6-14 和表 6-15 所示。

表 6-14　东北三省 2012 年不同责任原则下碳排放量

（单位：万吨）

	生产责任原则碳排放	消费责任原则碳排放	共同责任原则碳排放
黑龙江	25586.03	24873.78	25519.08
吉林	25305.02	24600.59	27574.83
辽宁	45986.71	37144.10	41565.41

表 6-15　东北三省 2017 年不同责任原则下碳排放量

（单位：万吨）

	生产责任原则碳排放	消费责任原则碳排放	共同责任原则碳排放
黑龙江	25305.02	24600.59	26003.92
吉林	19213.35	18273.43	18743.39
辽宁	46825.04	37821.23	49920.00

东北三省共同责任原则下的碳排放量更接近生产责任原则碳排放，某些年份碳排放量甚至超过了生产侧碳排放，这是因为东北三省整体发展以重工业和能源工业为主，碳排放效率偏低，从侧面说明了东北三省应该优化产业结构，提升能源排放效率，在振兴东北战略的推动下，采用差异化的减排策略实现低碳发展。

六、结语和建议

低碳发展已经成为我国碳减排的关键环节，关注碳排放责任分布特征并制定相应的减排政策有利于我国实现碳达峰、碳中和等气候目标。然而，同一地区在不同碳排放原则下会呈现不同的碳排放特征。在生产者责任原则视角下，东北地区碳排放主要来自化石能源的消费，重工业和能源生产与供应业是碳排放的主要行业部门。在消费者责任原则视角下，国内省外流入和国内省外流出是驱动碳排放产生的主要最终需求类型，而碳排放主要来自于重工业和服务业。东北地区作为我国的老工业基地，重工业在不同责任原则下均是碳排放的主要来源，因此在碳减排政策上应该给予足够的重视。东北地区各省份的经济水平、产业结构、资源禀赋存在巨大差异，这也决定了不同省份的碳排放特征具有鲜明特色，应该从不同视角制定碳排放政策，在保障经济发展的同时促进节能减排，让东北地区成为我国低碳发展的示范区域，为其他地区实现"双碳"目标提供先进经验。

本研究围绕东北地区碳排放责任的测算与分析展开，从生产者责任原则、消费者责任原则以及共同责任原则三个视角，深入探讨了东北地区碳排放的特征及其变化趋势。总体而言，东北地区碳排放的主要来源集中在化石能源消费，尤其是煤炭和原油的燃烧，主要用于重工业和能源生产与供应。在消费者责任视角下，东北地区的碳排放还受到省外流入和流出的显著影响，服务业在消费侧的碳排放占比高于生产侧。从共同责任原则来看，东北三省的碳排放量更接近生产责任原则下的碳排放，某些年份甚至超过生产侧碳排放，这主要是由于东北地区以重工业和能源工业为主，碳排放效率偏低。此外，东北三省在碳排放特征上存在显著差异，黑龙江省和吉林省的碳排放主要集中在能源生产与供应业，而辽宁省的重工业碳排放占比较高。

基于上述研究结论，为推动东北地区实现低碳发展，本书提出以下建议：

（一）优化产业结构

加快从传统重工业和能源密集型产业向低碳、高附加值产业转型。加大对新能源、高端制造业和现代服务业的投资，减少对化石能源的依赖，降低碳排放强度。具体措施包括：推动能源结构转型，加大对太阳能、风能、水能等清洁能源的开发和利用，逐步减少煤炭和原油在能源消费中的占比；支持智能制造、绿色制造等高端制造业的发展，提高产品的技术含量和附加值，降低单位增加值的碳排放强度；提升服务业比重，鼓励发展金融、物流、信息技术等现代服务业，减少对高耗能产业的依赖，促进经济结构的优化升级。

（二）提升能源利用效率

针对东北地区能源排放效率偏低的问题，加大对节能减排技术的研发和应用。通过推广先进的能源管理技术和设备，提高能源利用效率，减少单位产出的碳排放量。具体措施包括：在工业领域推广高效节能的生产工艺和设备，如余热余压回收利用、高效电机等，降低生产过程中的能源消耗；建立能源管理体系，对企业的能源消耗进行实时监测和管理，优化能源配置，提高能源利用效率；对现有高耗能企业进行节能改造，通过技术升级和设备更新，降低企业的碳排放强度。

（三）加强区域合作

东北地区应加强与其他地区的合作，实现资源优化配置。通过与南方省份的产业合作，将部分高耗能产业向能源丰富的地区转移，同时引入南方省份的先进技术和管理经验，实现互利共赢。具体措施包括：与南方省份建立产业合作机制，将东北地区的部分高耗能产业向南方能源丰富的地区转移，同时承接南方省份的高端产业转移；加强与南方省份的技术交流与合作，引进南方省份的先进节能减排技术和管理经验，提升东北地区的碳减排能力。

（四）出台支持政策

政府应出台相关政策，支持东北地区在碳减排方面的努力。具体措施包括：设立节能减排专项基金，支持东北地区的节能减排项目和低碳产业发展；对低碳产业给予税收优惠和财政补贴，降低企业的生产成本，提高企业的竞争力；鼓励金融机构加大对低碳产业的信贷支持，推动绿色金融发展，为低碳转型提供资金支持。

（五）提高公众意识

提高公众对气候变化和碳减排的意识，鼓励公众参与低碳生活和绿色消费。通过宣传教育，引导公众减少能源浪费，选择低碳出行方式，形成全社会共同参与碳减排的良好氛围。

（六）建立动态监测与评估机制

建立动态监测和评估机制，定期对东北地区的碳排放情况进行监测和评估。通过科学的数据分析，及时调整减排策略，确保碳减排目标的实现。

参考文献

［1］ADLER N, VOLTA N. Accounting for externalities and disposability : a directional economic environmental distance function ［J］. European journal of operational research, 2016, 250（1）: 314–327.

［2］CHEN Q, ZHU K, LIU P, et al. Distinguishing China's processing trade in the world input–output table and quantifying its effects ［J］. Economic systems research, 2019, 31（3）: 361–381.

［3］CHAMBERS R G. Dual structures for the additive DEA model ［J］. European journal of operational research, 2023, 307（2）: 984–989.

［4］GHOBADI S, SOLEIMANI–CHAMKHORAMI K, ZANBOORI E. A novel inverse DEA model for restructuring DMUs with negative data ［J］. International journal of operational research, 2023, 46（1）: 118–132.

［5］ZHOU G, MO L. How the environmental protection measurements influence transport freight efficiency from the perspective of three–stage DEA model ［J］. SN business & economics, 2023, 3（2）: 59.

［6］SEKITANI K, ZHAO Y. Least–distance approach for efficiency analysis : a framework for nonlinear DEA models ［J］. European journal of operational research, 2023, 306（3）: 1296–1310.

［7］ZHAO G, LIU C. Carbon emission intensity embodied in trade and its driving factors from the perspective of global value chain ［J］. Environmental science and pollution research, 2020, 27（25）: 32062–32075.

［8］陈红敏.我国对外贸易的能源环境影响［D］.上海：复旦大学，2009.

［9］陈楠，刘学敏.垂直专业化下中日贸易"隐含碳"实证研究［J］.统计研究，2016，33（3）：80-87.

［10］陈迎，潘家华，谢来辉.中国外贸进出口商品中的内涵能源及其政策含义［J］.经济研究，2008（7）：11-25.

［11］陈元园.碳关税背景下的利益博弈和政策选择［J］.老字号品牌营销，2020（4）：26-27.

［12］程宝栋，李慧娟.增加值贸易视角下"一带一路"出口隐含碳排放核算［J］.求索，2020（3）：165-172.

［13］程大中.中国增加值贸易隐含的要素流向扭曲程度分析［J］.经济研究，2014，49（9）：105-120.

［14］丛晓男，王铮，郭晓飞.全球贸易隐含碳的核算及其地缘结构分析［J］.财经研究，2013，39（1）：112-121.

［15］崔兴华.碳达峰背景下中美制造业双边贸易隐含碳再估算［J］.生态经济，2022，38（7）：28-34.

［16］胡杰，亢玖慧.基于STIRPAT评估模型的东北地区碳排放与电力消费相互关系分析［J］.吉林电力，2023，51（03）：31-34；45.

［17］刘晓宇，张力小，周长波，等.多视角下东北地区城市碳排放责任核算与分布特征研究［J］.中国环境管理，2022，14（6）：65-74.

［18］刘洋，李宝瑜.中美贸易波动对两国的就业效应研究［J］.统计与决策，2022，38（23）：154-158.

［19］韩玉晶，兰天.全球价值链分工与中日贸易隐含碳排放：基于MRIO模型的分析［J］.长治学院学报，2022，39（5）：33-38.

［20］胡习习，石薛桥.绿色技术创新对碳排放绩效的影响研究：以东北地区为例［J］.湖北农业科学，2022，61（17）：5-10.

［21］胡子坤.基于完全信息假设下的发达国家与发展中国家碳排放博弈分析［J］.中外能源，2022，27（08）：1-6.

［22］李治国，李莹莹，车帅.碳约束下中国区域能源利用效率与经济增长非线性异质关联研究［J］.河南科学，2022，40（05）：843-852.

［23］翟大宇.中美双边气候关系与《联合国气候变化框架公约》进程的相互影响研究［J］.太平洋学报，2022，30（3）：1-12.

［24］李晖，唐志鹏.增加值贸易视角下发达国家与发展中国家贸易隐含碳排放对比分析［J］.中南林业科技大学学报（社会科学版），2021，15（3）：20-30.

［25］戴鋆，李晖.全球价值链碳减排的门槛效应分析：以中美贸易隐含碳排放为例［J］.青岛大学学报（自然科学版），2021，34（3）：118-125.

［26］兰天，夏晓艳.全球价值链下的中欧制造业贸易隐含碳研究［J］.中南大学学报（社会科学版），2020，26（4）：111-123.

［27］高金田，孙剑锋.我国贸易宏观质量综合评价探究［J］.中国经贸导刊（中），2019（6）：4-9.

［28］李季，杨天泓.碳减排政策对辽宁经济和产业竞争力的影响：基于CGE模型的模拟分析［J］.东北财经大学学报，2019（3）：91-97.

［29］董康银.低碳约束背景下中国能源转型路径与优化模型研究［D］.北京：中国石油大学，2019.

［30］付云鹏，马树才，宋琪，等.基于LMDI的中国碳排放影响因素分解研究［J］.数学的实践与认识，2019，49（4）：7-17.

［31］黄永明，陈小飞.中国贸易隐含污染转移研究［J］.中国人口·资源与环境，2018，28（10）：112-120.

［32］韩中，陈耀辉，时云.国际最终需求视角下消费碳排放的测算与分解［J］.数量经济技术经济研究，2018，35（7）：114-129.

［33］金继红，居义义.中日贸易隐含碳排放责任分配研究［J］.管理评论，2018，30（05）：64-75.

［34］党玉婷，盛丹."污染避难所"假说检验：基于中国与美、日、德双边贸易内涵污染的实证研究［J］.现代经济探讨，2018（3）：54-66.

［35］李季，王宇.边境碳调节对中国EITE产业竞争力和碳泄漏的影响［J］.中国人口·资源与环境，2016，26（12）：87-93.

［36］李焱，刘野，黄庆波.我国海运出口贸易碳排放影响因素的对数指数分解研究［J］.数学的实践与认识，2016，46（22）：105-115.

［37］高静，刘国光.全球贸易中隐含碳排放的测算、分解及权责分

配——基于单区域和多区域投入产出法的比较［J］.上海经济研究，2016（1）：34-43；70.

［38］戴育琴，冯中朝，李谷成.中国农产品出口贸易隐含碳排放测算及结构分析［J］.中国科技论坛，2016（1）：137-143.

［39］焦翠红，李秀敏.经济增长、节能减排与区域产业结构优化［J］.税务与经济，2015（2）：7-15.

［40］刘宇，蔡松锋，张其仔.2025年、2030年和2040年中国二氧化碳排放达峰的经济影响：基于动态GTAP-E模型［J］.管理评论，2014，26（12）：3-9.

［41］邓荣荣.南南贸易增加了中国的碳排放吗？：基于中印贸易的实证分析［J］.财经论丛，2014（1）：3-9.

［42］彭军霞，李新爱，梅玉坤.基于LMDI模型的城市碳排放影响因素分析［J］.能源与节能，2023，（07）：61-64.

［43］朱传进，朱南.基于复杂DN-SBM-DEA模型的中外资商业银行经营效率对比研究［J］.运筹与管理，2023，32（07）：197-203.

［44］张亚萍，张丽琨，王军.碳排放约束下东北地区畜牧业绿色全要素生产率研究［J］.黑龙江畜牧兽医，2023，（06）：13-22.

［45］赵国龙，殷晨曦.东北地区碳排放效率与经济增长关系研究：基于Tapio模型和DEA模型检验［J］.黑龙江工程学院学报，2022，36（06）：41-48.

［46］任亚楠，田金平，陈吕军.中国对外贸易的经济增加值：隐含碳排放失衡问题研究［J］.中国环境管理，2022，14（05）：49-59.

［47］张忠华，李春山，胡杰，等.东北地区碳排放现状分析与"双碳"目标下新能源发展建议［J］.东北电力技术，2022，43（08）：1-5+20.

［48］张聪，汪鹏，赵黛青，等.基于结构分解的碳排放驱动因素及行业影响分析：以广东为例［J］.科技管理研究，2022，42（16）：204-217.

［49］张余，姜博，赵映慧，等.东北地区城市土地利用碳排放效应研究［J］.环境科学与技术，2022，45（07）：209-217.

［50］苑杰.《联合国气候变化框架公约》第26届缔约方大会成果［J］.国际社会科学杂志（中文版），2022，39（02）：159-172.

［51］闫衍，袁海霞，张林，等.双碳目标约束下的中国经济增长及其风

险挑战［J］.金融理论探索，2022，（02）：10-18.

［52］陆彪，王索军，陈德敏，等.基于碳约束的区域能源结构优化实证［J］.安徽工业大学学报（自然科学版），2022，39（01）：86-90.

［53］周思宇，郗凤明，尹岩，等.东北地区耕地利用碳排放核算及驱动因素［J］.应用生态学报，2021，32（11）：3865-3871.

［54］张美一.东北地区产业结构调整对碳排放影响的实证研究［J］.中国产经，2021，（13）：158-159.

［55］马晶梅，陈亚楠.中美真实贸易规模及贸易隐含碳估算［J］.统计与决策，2020，36（13）：124-128.

［56］徐博，杨来科，钱志权.全球价值链分工地位对于碳排放水平的影响［J］.资源科学，2020，42（03）：527-535.

［57］曲维玺，崔艳新，马林静，等.我国外贸高质量发展的评价与对策［J］.国际贸易，2019，（12）：4-11.

［58］钱志权，杨来科，蒋琴儿.全球价值链背景下中国出口增加值隐含碳测度与结构分解［J］.亚太经济，2019，（05）：59-67+150-151.

［59］朱点钰，马小林，张艳霞，等.中国分省的碳排放责任分担机制探讨［J］.环境保护，2018，46（12）：58-63.

［60］潘安.全球价值链视角下的中美贸易隐含碳研究［J］.统计研究，2018，35（01）：53-64.

［61］王勇，王恩东，毕莹.不同情景下碳排放达峰对中国经济的影响：基于CGE模型的分析［J］.资源科学，2017，39（10）：1896-1908.

［62］张根能，吕磊磊，董伟婷.中国进出口贸易隐含碳影响因素分解：考虑技术异质性的研究［J］.生态经济，2017，33（09）：14-20+30.

［63］温丹辉，孙振清.天津区域减排政策经济与排放影响［J］.干旱区资源与环境，2017，31（04）：28-33.

［64］钟凯扬.对外贸易、FDI与环境污染的动态关系：基于PVAR模型的研究［J］.生态经济，2016，32（12）：58-64.

［65］王文治，陆建明.中国对外贸易隐含碳排放余额的测算与责任分担［J］.统计研究，2016，33（8）：12-20.

［66］潘安，魏龙.中国对外贸易隐含碳：结构特征与影响因素［J］.经济评论，2016（4）：16-29.

［67］彭水军，张文城，卫瑞.碳排放的国家责任核算方案［J］.经济研究，2016，51（3）：137-150.

［68］周晟吕.基于CGE模型的上海市碳排放交易的环境经济影响分析［J］.气候变化研究进展，2015，11（2）：144-152.

［69］潘文卿，王丰国，李根强.全球价值链背景下增加值贸易核算理论综述［J］.统计研究，2015，32（3）：69-75.

［70］徐盈之，郭进.开放经济条件下国家碳排放责任比较研究［J］.中国人口·资源与环境，2014，24（1）：55-63.

［71］赵玉焕，李洁超.基于技术异质性的中美贸易隐含碳问题研究［J］.中国人口·资源与环境，2013，23（12）：28-34.

［72］汪鹏，成贝贝，赵黛青.基于两区域动态CGE模型的广东碳减排政策综合评估［J］.生态经济（学术版），2013（2）：77-80.

［73］王凯，李娟，席建超.中国服务业能源消费CO_2排放及其因素分解［J］.环境科学研究，2013，26（5）：576-582.

［74］张相文，黄娟，李婷.产品内分工下中国对外贸易对环境污染的影响：基于投入产出模型的分析［J］.宏观经济研究，2012（4）：77-82.

［75］杨会民，王媛，刘冠飞.2002年与2007年中国进出口贸易隐含碳研究［J］.资源科学，2011，33（8）：1563-1569.

［76］张为付，杜运苏.中国对外贸易中隐含碳排放失衡度研究［J］.中国工业经济，2011（4）：138-147.

［77］闫云凤.中国对外贸易的隐含碳研究［D］.上海：华东师范大学，2011.

［78］汪克亮，杨宝臣，杨力.考虑环境效应的中国省际全要素能源效率研究［J］.管理科学，2010，23（6）：100-111.

［79］赵奥，武春友.中国CO_2排放量变化的影响因素分解研究：基于改进的Kaya等式与LMDI分解法［J］.软科学，2010，24（12）：55-59.

后 记

　　党的十八大以来，以习近平同志为核心的党中央高瞻远瞩、审时度势，指导实施新一轮东北振兴战略。党的十九大报告提出，深化改革加快东北等老工业基地振兴。党的二十大报告提出，推动东北全面振兴取得新突破。2023 年 9 月，习近平总书记主持召开新时代推动东北全面振兴座谈会并发表重要讲话，强调牢牢把握东北的重要使命，奋力谱写东北全面振兴新篇章。2025 年初，习近平总书记再赴辽宁、黑龙江、吉林考察，对新时代东北全面振兴作出最新指示要求，充分彰显了总书记对东北人民的亲切关怀和深情厚爱，彰显了总书记对东北振兴的殷切期望和信任重托，是对正在为东北振兴努力奋斗的各界人士的巨大鼓舞和莫大鞭策。

　　中国东北振兴研究院是在国家发展和改革委员会指导下，以东北振兴理论和政策研究为特色，为中央和东北地区各级地方政府提供政策咨询的新型智库，是辽宁省新型智库联盟首任理事长单位、"智库人才培养联盟"单位、国家区域重大战略高校智库联盟单位。先后入选"2021 年中国智库参考案例（咨政建言类别）"和"CTTI 2022 年度高校智库百强"，荣获"CTTI 2023 年度 / 2024 年度智库研究优秀成果"特等奖。

　　2020 年，由中国东北振兴研究院组织编写的《东北振兴研究丛书》出版，被列为"十三五"国家重点图书出版规划项目、国家出版基金资助项目，荣获"第一届辽宁省出版政府奖"。2022 年，《新时代东北全面振兴研究丛书》筹划、立项，经编委会、作者团队与出版社共同努力，丛书被列入

"十四五"国家重点出版物出版规划增补项目和国家出版基金资助项目。

值此丛书付梓之际，感谢各位作者用严谨治学的精神为丛书倾注心血、贡献智慧，感谢亿达集团董事局主席孙荫环先生的鼎力支持和在丛书启动阶段给予的充分保障，感谢辽宁人民出版社编辑团队的辛勤付出。

党中央为新时代东北全面振兴指明了前进方向，也给东北振兴发展提供了新动力新机遇。东北地区要认真贯彻落实党的二十大和二十届二中、三中全会精神，坚定信心、开拓创新，勇于争先、展现作为，以进一步全面深化改革开放推动东北全面振兴取得新突破。

中国东北振兴研究院

2025 年 2 月 12 日